理工数学シリーズ


統計学


村上雅人
井上和朗
小林忍


飛翔舎

# はじめに

　日常生活でふとまわりを見渡すと、いたる処に数字が並んでいる。数字の氾濫と言ってもよい。朝起きてテレビをつければ、いくつもの数値データが表れる。降雨確率や予想気温、はたまた本の売れ行きランキングなど、よくぞ、これだけ数字が羅列されるものだと感心せずにはいられない。

　しかし、その一方で、発表される数値データに対して、多くのひとは驚くほどおおらかである。また、結構、数値情報に頼っている。かく言うわれわれも、降雨確率ゼロの日に花見に出かけて、大雨に見舞われた経験がある。

　実は、世の中のひとが目にする数字の多くは統計学を基本にして算出される統計量である。テレビ関係者を一喜一憂させるテレビ視聴率も統計量である。また、日本の社会に直接影響を与える政党の支持率も統計量である。この他にも、統計に頼った数字が世の中には氾濫しており、知らず知らずに大きな影響力を社会に与えている。

　このように、われわれの生活には、統計というものが深く入りこんでおり、中には、社会そのものを大きく左右するような重要な数値もある。にもかかわらず、発表される統計量がどのようにして算出されたかを知っているひとは多くないのではなかろうか。

　このように、統計処理された数字が氾濫している世の中では、統計手法を学ぶことが非常に重要となる。さらに、統計のからくりを知っていると、世の中に氾濫している数字に対する見方が違ってくる。何よりも重要なことは、その信憑性に対して、きちんとした評価ができるようになることである。

　よって、統計を学ぶということは、専門家だけではなく、多くのひとにとって重要と考えられる。このため、政府はデータ駆動型社会を提唱し、大学でもデータサイエンス関連の新学部や学科が誕生している。

　最近では、コンピュータの能力が格段に進歩し、データを入力すれば必要な統計処理ができるようになっている。ただし、このようなブラックボックス化した

方法に頼っていると、本質を見失うことも多い。つまるところ、技術的な側面がどんなに発達したとしても、最後に決断を下すのは機械ではなく人間である。この事実を忘れてはならない。

2025 年　春
著者　村上雅人、井上和朗、小林忍

# もくじ

はじめに……………………………………………………………… *3*

第 1 章　データ解析と記述統計 ………………………………… *9*

1. 1.　データ解析　*9*

1. 2.　分散　*11*

1. 3.　分散公式　*13*

1. 4.　標準偏差　*16*

1. 5.　記述統計から推測統計へ　*21*

第 2 章　正規分布とガウス関数 ………………………………… *24*

2. 1.　統計の視点　*24*

2. 2.　平均と分散　*26*

2. 3.　標本数　*27*

2. 4.　標準偏差　*28*

2. 5.　誤差の分布　*29*

2. 6.　誤差分布の形状　*31*

　　2. 6. 1.　分散の影響　*35*

　　2. 6. 2.　ガウス関数の積分　*36*

2. 7.　正規分布に対応した関数　*39*

2. 8.　標準正規分布　*40*

2. 9.　正規分布の計算方法　*43*

2. 10.　68－95－99.7 則　*49*

2. 11.　誤差関数　*51*

補遺 2-1　指数関数　*53*

　　A2. 1.　指数関数の定義　*53*

　　A2. 2.　指数関数の級数展開　*55*

第 3 章　推測統計 ……………………………………………………… *58*

　3. 1.　母数と標本データ　*58*

　3. 2.　正規分布の加法性　*60*

　3. 3.　標本標準偏差　*62*

　3. 4.　母平均の区間推定　*65*

　3. 5.　信頼区間の設定　*69*

　3. 6.　標本分散と母分散　*71*

　3. 7.　母分散の不偏推定値　*73*

　3. 8.　母平均の推定－正規分布　*75*

　3. 9.　母平均の推定－$t$ 分布　*77*

　　3. 9. 1.　$t$ 分布　*77*

　　3. 9. 2.　$t$ 分布による区間推定　*79*

　3. 10.　$\chi^2$ 分布と分散　*82*

　　3. 10. 1.　分散が従う確率分布　*82*

　　3. 10. 2.　分散の区間推定　*84*

　3. 11.　分散の比の推定　*88*

　　3. 11. 1.　$F$ 分布　*88*

　　3. 11. 2.　分散比の区間推定　*89*

　3. 12.　点推定　*91*

　コラム　*96*


第 4 章　統計的仮説検定 ………………………………………………*97*

　4. 1.　統計における仮説検定　*97*

　　4. 1. 1.　仮説の設定　*97*

　　4. 1. 2.　仮説の検証　*97*

　4. 2.　帰無仮説と対立仮説　*98*

　4. 3.　$t$ 検定　*103*

　4. 4.　$\chi^2$ 検定－母分散の検定　*108*

　4. 5.　$F$ 検定－分散比の検定　*112*

もくじ

## 第 5 章　確率と確率分布 ················································ 117

5.1. 確率と統計　*117*

5.2. 連続型確率変数　*123*

5.3. 期待値と不偏推定値　*124*

5.4. モーメント母関数　*133*

5.5. 確率密度関数の条件　*138*

## 第 6 章　$t$ 分布の確率密度関数 ································· 141

6.1. $t$ 分布の確率密度関数　*142*

6.2. ガンマ関数　*143*

6.3. $t$ 分布の形状　*146*

6.4. ベータ関数　*149*

6.5. 正規分布と $t$ 分布　*154*

6.6. ベータ関数とガンマ関数　*156*

6.7. まとめ　*160*

## 第 7 章　$\chi^2$ 分布の確率密度関数 ···························· 161

7.1. $\chi^2$ の定義　*161*

7.2. $\chi^2$ 分布の確率密度関数　*162*

7.3. 自由度に依存した関数　*164*

7.4. 期待値　*168*

7.5. $\chi^2$ 分布の分散　*170*

7.6. モーメント母関数　*172*

7.7. 標準偏差の不偏推定値　*175*

## 第 8 章　$F$ 分布の確率密度関数 ······························ 179

8.1. $F$ 分布の確率密度関数　*180*

8.2. $F$ 分布と $t$ 分布　*184*

8.3. $F$ 分布の期待値　*186*

8.4. $F$ 分布の分散　*190*

## 第9章　2項分布……………………………………………………*199*

9.1.　順列と組み合わせ　*199*

9.2.　2項定理　*204*

9.3.　2項分布とは　*206*

9.4.　平均と分散　*213*

9.5.　2項分布と正規分布　*215*

## 第10章　ポアソン分布……………………………………………*223*

10.1.　2項分布　*223*

10.2.　ポアソン分布の登場　*224*

10.3.　平均と分散　*227*

10.4.　ポアソン分布の応用　*229*

## 第11章　指数分布とワイブル分布………………………………*231*

11.1.　指数分布　*231*

11.2.　ハザード関数とワイブル分布　*237*

11.3.　ワイブル分布の平均と分散　*240*

## 第12章　2変数の確率分布…………………………………………*245*

12.1.　同時確率分布　*245*

12.2.　2次元確率分布の期待値　*248*

12.3.　確率変数の独立性　*250*

12.4.　2次元確率変数の分散　*251*

12.5.　正規分布の加法性　*253*

## おわりに…………………………………………………………………*258*

# 第1章 データ解析と記述統計

## 1.1. データ解析

　現在、政府は、**データ駆動型社会** (data-driven society) を目指すと宣言している。このため、大学においては、理系だけでなく、文系においても**データサイエンス** (Data Science) を必修化しようという動きもある。いまでは、インターネットやデジタル技術の進展により、大量のデータが集められるようになった。人間が全体を把握できない量の巨大なデータも存在し、**ビッグデータ** (big data) と呼ばれている。

　しかし、データはあるだけでは何の意味も持たない。実際に、データはあるものの、それをどう活用してよいかわからないということが多くなっている。この問題に対処できるのが、**統計学** (statistics) である。データ解析によって、意味のある情報や法則を導く手法を学ぶ学問である。

　本書では、その基本を学ぶ。データ解析には多くの手法があるが、まずは、具体例で考えてみよう。表 1-1 に、10 人の生徒を対象に、2 回行われた試験の成績表を示す。

表 1-1　2 回の試験の成績表

1 回目の試験の結果

| 生徒 | A | B | C | D | E | F | G | H | I | J |
|------|-----|-----|-----|-----|-----|-----|-----|-----|-----|-----|
| 得点 | 80 | 100 | 90 | 70 | 85 | 95 | 75 | 90 | 90 | 75 |

2 回目の試験の結果

| 生徒 | A | B | C | D | E | F | G | H | I | J |
|------|-----|-----|-----|-----|-----|-----|-----|-----|-----|-----|
| 得点 | 50 | 100 | 80 | 40 | 70 | 90 | 30 | 80 | 70 | 50 |

これら結果の比較をする場合の常套手段として、平均点を求める方法がある。
1 回目の試験の平均点は

$$\overline{x} = \frac{80 + 100 + 90 + 70 + 85 + 95 + 75 + 90 + 90 + 75}{10} = \frac{850}{10} = 85$$

となる。2 回目の試験の平均点は

$$\overline{x} = \frac{50 + 100 + 80 + 40 + 70 + 90 + 30 + 80 + 70 + 50}{10} = \frac{660}{10} = 66$$

となる。この平均は**算術平均** (arithmetic mean) と呼ばれている。標本の総和を、標本数で割ったものであり、相加平均と呼ばれることもある。

このように、平均点を調べただけで、2 回のテストの特徴がある程度わかる。たとえば、A 君は最初の試験では 80 点という好成績を挙げたが、クラスの平均点は 85 点もあった。つまり、最初のテストはどうやら簡単な問題が多かったということがわかる。

ところがつぎの試験では、A 君の得点は 50 点に下がってしまった。かなり成績が落ちたような印象を受けるがどうだろうか。ここで、2 回目の試験のクラス平均点は 66 点であるので、1 回目の試験より難易度が上がっており、点数から受ける印象ほど成績が悪かったわけではないことがわかる。このように、平均点がわかるだけで、A 君の成績のレベルがどの程度かの検討がつくようになる。

実は、このような複数のデータを処理するときには、平均の他にもいくつか代表的な数値がある。そこで、表 1-1 のデータを成績順に並べ替えてみよう。すると表 1-2 のようになる。

**表 1-2** 生徒の成績を成績順に並べた結果

1 回目の試験結果

| 生徒 | D | G | J | A | E | C | H | I | F | B |
|------|----|----|----|----|----|----|----|----|----|-----|
| 得点 | 70 | 75 | 75 | 80 | 85 | 90 | 90 | 90 | 95 | 100 |

2 回目の試験結果

| 生徒 | G | D | A | J | E | I | C | H | F | B |
|------|----|----|----|----|----|----|----|----|----|-----|
| 得点 | 30 | 40 | 50 | 50 | 70 | 70 | 80 | 80 | 90 | 100 |

第 1 章　データ解析と記述統計

　この表を見ると、1 回目のテストの最高点は 100 点で、最低点は 70 点であるが、2 回目のテストでは最高点は 100 点でも、最低点は 30 点とかなり低いことがわかる。

　統計学では、このように成績順に並べたとき、ちょうど真中にくるデータを**中央値** (median) と呼んでいる。あるいは、英語をそのまま使って**メジアン**と呼ぶ場合もある。

　A 君のクラスの人数は 10 人であるから、ちょうど中央になるひとはいない。この場合は、5 人目と 6 人目の平均値をとる。すると、それぞれ 87.5 点と 70 点となる。感覚的には、クラスの平均点が中央あたりに位置すると思われるが、中央値は確かに、平均点に近い値となっている。

　また、**最頻値** (mode) という値も、そのグループを代表する値として定義されている。これは、読んで字のごとく、最も頻度の高い値であり、グループの中で、いちばんデータ数の多いものに相当する。

　メジアンと同様に、英語の読みをそのまま使って**モード**と呼ぶこともある。または、並みの値ということから並み値と呼ぶこともある。最初の試験では 90 点が 3 人も居るので、これが最頻値となる。

　ところが、2 回目の試験では、2 人とも同じ点数が 3 つもある。これでは、これら値をモードとして採用するのは無理がある。このように、データ数がある程度大きくなければモードを考える意味がないのである。

　さらに、中央値も最頻値も、どちらも理論的な意味や裏付けがあるわけではない。しかし、経験的には、最大値や最小値も含めて、これらの値がわかれば、データがどのような分布をしているかの概観をつかむことができ、生徒の成績のレベルをある程度知ることができる。


## 1.2.　分散

　ただし、以上の整理はあくまでも感覚的なもので、たとえばバラツキが大きいと言っても、これら 2 回の成績のバラツキが定量的にどれくらい差があるかということはわからない。そこで、平均点から生徒の点数の**偏差** (deviation) をとってみると表 1-3 のようになる。

表 1-3　2 回の成績の平均からの偏差

1 回目の試験: 平均点: $\bar{x} = 85$

| 生徒 | A | B | C | D | E | F | G | H | I | J |
|---|---|---|---|---|---|---|---|---|---|---|
| 得点 | 80 | 100 | 90 | 70 | 85 | 95 | 75 | 90 | 90 | 75 |
| $x - \bar{x}$ | $-5$ | 15 | 5 | $-15$ | 0 | 10 | $-10$ | 5 | 5 | $-10$ |

2 回目の試験: 平均点: $\bar{x} = 66$

| 生徒 | A | B | C | D | E | F | G | H | I | J |
|---|---|---|---|---|---|---|---|---|---|---|
| 得点 | 50 | 100 | 80 | 40 | 70 | 90 | 30 | 80 | 70 | 50 |
| $x - \bar{x}$ | $-16$ | 34 | 14 | $-26$ | 4 | 24 | $-36$ | 14 | 4 | $-16$ |

この表を見ると、2 回目の試験のバラツキが大きいことがわかる。ただし、このままでは、定量的な評価ができない。そこで、偏差を足してみよう。すると、両者で 0 となる。これは、当たり前で、平均からの偏差の和は 0 になる。そこで、偏差の絶対値の和をとるという方法もある。すると 1 回目の試験では

$$5 + 15 + 5 + 15 + 10 + 10 + 5 + 5 + 10 = 80$$

となり、2 回目の試験では

$$16 + 34 + 14 + 26 + 4 + 24 + 36 + 14 + 4 + 16 = 188$$

となるので、明らかに 2 回目の偏差が大きいことがわかる。ただし、このままだと標本の数が変化すると相対評価ができないので、偏差の和を標本数で割る。これを平均偏差と呼んでいる。人数は 10 人であるから、平均偏差は 8 と 18.8 となる。これならば標本数が変化したときにも対応できる。

ただし、統計学では平均偏差はほとんど使われない。それは、絶対値をとるという操作が、解析には向かないからである。そこで、偏差の正負で打ち消すという問題を解消するために、偏差の平方をとる。この平方をとるという操作が統計では一般的である。すると、表 1-4 のような結果が得られる。

ここで、それぞれの試験の**偏差平方和** (sum of squared deviations) を計算してみよう。1 回目の試験では偏差平方和は 850 である。つぎに、2 回目の試験では、偏差平方和は 4640 となる。

第 1 章　データ解析と記述統計

**表 1-4**　2 回の成績の偏差と偏差の平方

1 回目の試験: 平均点 : $\overline{x} = 85$

| 生徒 | A | B | C | D | E | F | G | H | I | J |
|---|---|---|---|---|---|---|---|---|---|---|
| 得点 | 80 | 100 | 90 | 70 | 85 | 95 | 75 | 90 | 90 | 75 |
| $x - \overline{x}$ | −5 | 15 | 5 | −15 | 0 | 10 | −10 | 5 | 5 | −10 |
| $(x - \overline{x})^2$ | 25 | 225 | 25 | 225 | 0 | 100 | 100 | 25 | 25 | 100 |

2 回目の試験: 平均点 : $\overline{x} = 66$

| 生徒 | A | B | C | D | E | F | G | H | I | J |
|---|---|---|---|---|---|---|---|---|---|---|
| 得点 | 50 | 100 | 80 | 40 | 70 | 90 | 30 | 80 | 70 | 50 |
| $x - \overline{x}$ | −16 | 34 | 14 | −26 | 4 | 24 | −36 | 14 | 4 | −16 |
| $(x - \overline{x})^2$ | 256 | 1156 | 196 | 676 | 16 | 576 | 1296 | 196 | 16 | 256 |

ただし、このままでは、標本数が異なったときの相対評価ができないので、標本数で偏差平方和を割ってみよう。すると、85 と 464 となる。この値を、**分散** (variance) と呼んでいる。分散は、統計解析において、非常に重要な指標となる。本書では、分散は "variance" の頭文字をとって、$V$ と表記する。

よって

$$V = \frac{(x_1 - \overline{x})^2 + (x_2 - \overline{x})^2 + (x_3 - \overline{x})^2 + ... + (x_N - \overline{x})^2}{N}$$

となる。

あるいは、シグマ記号 (Σ) を使って表記すると

$$V = \frac{\sum_{i=1}^{N}(x_i - \overline{x})^2}{N}$$

となる。

## 1.3.　分散公式

分散を上記の式で計算するのは、労力を要する。実は、分散は次式によっても

*13*

計算が可能である。

$$V = \frac{1}{N}\sum_{i=1}^{N}x_i^2 - \overline{x}^2$$

これを分散公式と呼んでいる。本節では、その導出を行う。また、和をとる範囲が明らかな場合は、$\Sigma$ という略記を使うことにも注意されたい。

---

**演習** 1-1　数値データとして $(1, 2, 3, 5)$ からなるグループの分散を求めよ。

---

**解）**　平均は

$$\overline{x} = \frac{1+2+3+5}{4} = 2.75$$

と与えられる。分散は

$$V = \frac{(1-2.75)^2 + (2-2.75)^2 + (3-2.75)^2 + (5-2.75)^2}{4} = \frac{8.75}{4} = 2.1875$$

となる。

---

このように、偏差の平方というわずらわしい計算は、データ数が増えれば、その数だけ増える。

---

**演習** 1-2　数値データ $(1, 2, 3, 5)$ の分散を $V = \dfrac{\sum x_i^2}{N} - \overline{x}^2$ を用いて計算せよ。

---

**解）**

$$V = \frac{1^2 + 2^2 + 3^2 + 5^2}{4} - (2.75)^2 = \frac{39}{4} - 7.5625 = 2.1875$$

となり、同じ値が得られる。

---

この計算方法ならば、わずらわしい偏差の平方計算はしないで済む。

第 1 章　データ解析と記述統計

---

**演習** 1-3　$N = 3$ の場合に

$$\frac{(x_1 - \overline{x})^2 + (x_2 - \overline{x})^2 + (x_3 - \overline{x})^2}{3} = \frac{x_1^2 + x_2^2 + x_3^2}{3} - \overline{x}^2$$

となることを確かめよ。

---

　**解）**　　左辺を展開すると

$$\frac{(x_1 - \overline{x})^2 + (x_2 - \overline{x})^2 + (x_3 - \overline{x})^2}{3} = \frac{x_1^2 + x_2^2 + x_3^2}{3} - \frac{2x_1\overline{x} + 2x_2\overline{x} + 2x_3\overline{x}}{3} + \frac{3\overline{x}^2}{3}$$

となる。ここで

$$\overline{x} = \frac{x_1 + x_2 + x_3}{3} \qquad 3\overline{x} = x_1 + x_2 + x_3$$

の関係にあるから、第 2 項は

$$\frac{2x_1\overline{x} + 2x_2\overline{x} + 2x_3\overline{x}}{3} = \frac{2}{3}\overline{x}(x_1 + x_2 + x_3)$$

と変形できるので、結局

$$\frac{(x_1 - \overline{x})^2 + (x_2 - \overline{x})^2 + (x_3 - \overline{x})^2}{3} = \frac{x_1^2 + x_2^2 + x_3^2}{3} - \frac{6\overline{x}^2}{3} + \frac{3\overline{x}^2}{3}$$

$$= \frac{x_1^2 + x_2^2 + x_3^2}{3} - \overline{x}^2$$

となり、$N = 3$ の場合に、分散の公式が成立することが確かめられる。

---

　この関係は、一般式にも簡単に拡張できる。

$$\frac{(x_1 - \overline{x})^2 + (x_2 - \overline{x})^2 + ... + (x_N - \overline{x})^2}{N}$$

$$= \frac{x_1^2 + x_2^2 + ... + x_N^2}{N} - \frac{2x_1\overline{x} + 2x_2\overline{x} + ... + 2x_N\overline{x}}{N} + \frac{N\overline{x}^2}{N}$$

となる。ここで

$$\overline{x} = \frac{x_1 + x_2 + ... + x_N}{N} \qquad N\overline{x} = x_1 + x_2 + ... + x_N$$

の関係にあるから、第 2 項に代入すると

$$\frac{\left(x_1-\overline{x}\right)^2+\left(x_2-\overline{x}\right)^2+...+\left(x_N-\overline{x}\right)^2}{N}=\frac{x_1^{\ 2}+x_2^{\ 2}+...+x_N^{\ 2}}{N}-\frac{2N\overline{x}^2}{N}+\frac{N\overline{x}^2}{N}$$

$$=\frac{x_1^{\ 2}+x_2^{\ 2}+...+x_N^{\ 2}}{N}-\overline{x}^2$$

となり、分散公式が一般にも成立することがわかる。

## 1.4. 標準偏差

　分散は、統計解析において重要な指標であるが、実用的に課題もある。たとえば、長さで考えてみよう。標本として

$$8\ [\mathrm{cm}],\ 10\ [\mathrm{cm}],\ 12\ [\mathrm{cm}]$$

の製品があったとしよう。この平均は 10 [cm] であり、分散は

$$\frac{\left(8-10\right)^2+\left(10-10\right)^2+\left(12-10\right)^2}{3}=\frac{8}{3}$$

となるが、実は、分散の単位は cm$^2$ となる。このままでは、この標本のばらつきは 8/3 [cm$^2$] ということになる。そこで、分散の平方根をとると

$$\sigma=\sqrt{V}=\sqrt{\frac{8}{3}}\cong 1.63$$

となって、この標本グループの平均は 10 [cm] でバラツキの度合いは 1.63 [cm] と言えるのである。分散の平方を**標準偏差** (standard deviation) と呼び、記号は $\sigma$ を使う。ギリシャ文字のシグマである。

　標準偏差を用いれば、標本のバラツキを定量的に、そして、同じ単位で表現できることになる。

　標準偏差の定義式は

$$\sigma=\sqrt{\frac{\left(x_1-\overline{x}\right)^2+\left(x_2-\overline{x}\right)^2+\left(x_3-\overline{x}\right)^2+...+\left(x_N-\overline{x}\right)^2}{N}}=\sqrt{\frac{\sum\left(x_i-\overline{x}\right)^2}{N}}$$

となる。ここで、表 1-4 のデータの標準偏差を求めると 1 回目の試験では

$$\sigma=\sqrt{\frac{850}{10}}=\sqrt{85}\cong 9.22$$

となる。つぎに、2 回目の試験では、

第 1 章　データ解析と記述統計

$$\sigma = \sqrt{\frac{4640}{10}} = \sqrt{464} \simeq 21.54$$

となる。この単位は、試験の点数となり、2 回目の試験の方のバラツキが 21.54 点となって、1 回目の 9.22 点より大きいことが確かめられる。このように標準偏差を求めれば、定量的にバラツキの大きさを知ることができる。

　ここで、全国の生徒を対象に、その成績の相対評価を決める指標の**偏差値** (*T* score) を紹介しておこう。各生徒の偏差値は、標準偏差 $\sigma$ を使うと次式

$$偏差値 = \frac{x - \overline{x}}{\sigma} \times 10 + 50$$

で計算できる[1]。これは、50 を平均として、どの程度上位あるいは下位かという指標となっている。60 以上ならば、かなり上位であり、40 以下ならば結構下ということになる。表 1-5 に、偏差値の計算結果をまとめている。

**表 1-5　2 回の成績の偏差値**

1 回目の試験

| 生徒 | A | B | C | D | E | F | G | H | I | J |
|---|---|---|---|---|---|---|---|---|---|---|
| 得点 | 80 | 100 | 90 | 70 | 85 | 95 | 75 | 90 | 90 | 75 |
| 偏差値 | 44.58 | 66.27 | 55.42 | 33.73 | 50.00 | 60.85 | 39.15 | 55.42 | 55.42 | 39.15 |

平均点：$\overline{x} = 85$　標準偏差：$\sigma = 9.22$

2 回目の試験

| 生徒 | A | B | C | D | E | F | G | H | I | J |
|---|---|---|---|---|---|---|---|---|---|---|
| 得点 | 50 | 100 | 80 | 40 | 70 | 90 | 30 | 80 | 70 | 50 |
| 偏差値 | 42.57 | 65.78 | 56.50 | 37.93 | 51.86 | 61.14 | 33.29 | 56.50 | 51.86 | 42.57 |

平均点：$\overline{x} = 66$　標準偏差：$\sigma = 21.54$

　ここで、これら偏差値の値を比べてみると、1 回目の試験の A 君の偏差値は 44.58 であり、2 回目の試験では 42.57 となっている。ある程度差はあるものの、得点の差（80 点と 50 点）に比べてみれば、ほとんど偏差値は変わらないという

---

[1] 日本では、大学評価などで偏差値がよく使われるが、海外ではまったく使われていない。また、偏差値は、英語では *T* score である。偏差値を *T* 値と呼んでいる。

結果となっている。他の生徒の結果を見ても、得点に大きな差があっても、偏差値そのものには大きな差がない。つまり、クラスの中での成績レベルはあまり大きな変化はなかったことになる。

さらに、これら 2 回のテストを、標準偏差でみると、1 回目の 9 点台に対し、2 回目では 22 点とずいぶん大きくなっており、バラツキが明らかに大きくなったことを示しているが、それを考慮にいれた指標である偏差値を使って客観的に整理してみると、成績のレベルそのものに大きな差はなかったという結果が得られる。

このように、標準偏差と偏差値という統計学の道具を使えば、数値データの解析がより定量的になることがわかる。

---

**演習** 1-4　A君のクラスの身長 [cm] が表 1-6 のように与えられているとき、身長の標準偏差と各生徒の身長の偏差値を求めよ。

---

表 1-6　A君のクラスの生徒の身長

| 生徒 | A | B | C | D | E | F | G | H | I | J |
|------|-----|-----|-----|-----|-----|-----|-----|-----|-----|-----|
| 身長 | 150 | 165 | 155 | 170 | 150 | 145 | 175 | 160 | 165 | 140 |

**解)**　まず、クラスの生徒の身長の平均を求めると

$$\overline{x} = \frac{150+165+155+170+150+145+175+160+165+140}{10} = \frac{1575}{10} = 157.5$$

となって、平均身長は 157.5 [cm] ということになる。ここで、それぞれの生徒の身長の平均からの偏差 $(x_i - \overline{x})$ および偏差の平方 $(x_i - \overline{x})^2$ は

表 1-7　生徒の身長の平均からの偏差ならびに偏差平方

| 生徒 | A | B | C | D | E | F | G | H | I | J |
|------|------|------|------|------|------|------|------|------|------|------|
| $x - \overline{x}$ | −7.5 | 7.5 | −2.5 | 12.5 | −7.5 | −12.5 | 17.5 | 2.5 | 7.5 | −17.5 |
| $(x - \overline{x})^2$ | 56.25 | 56.25 | 6.25 | 156.25 | 56.25 | 156.25 | 306.25 | 6.25 | 56.25 | 306.25 |

第1章　データ解析と記述統計

と計算できる。よって、このクラスの身長の分布の標準偏差は

$$\sigma = \sqrt{\frac{\sum (x_i - \bar{x})^2}{N}} = \sqrt{\frac{1162.5}{10}} \cong 10.78$$

と与えられる。

標準偏差がわかれば、各生徒の偏差値を計算することもできる。次式

$$偏差値 = \frac{x - \bar{x}}{\sigma} \times 10 + 50$$

より、各生徒の偏差値はつぎの表のように与えられる。

表1-8　生徒の身長の偏差値

| 生徒 | A | B | C | D | E | F | G | H | I | J |
|------|------|------|------|------|------|------|------|------|------|------|
| 身長 | 150 | 165 | 155 | 170 | 150 | 145 | 175 | 160 | 165 | 140 |
| 偏差値 | 43.04 | 56.96 | 47.68 | 61.59 | 43.04 | 38.41 | 66.23 | 52.32 | 56.96 | 33.77 |

A君は身長においても、クラスの平均よりは下ということになる。

---

**演習** 1-5　A君のクラスの体重 [kg] が表1-9のように与えられているとき体重の標準偏差と各生徒の体重の偏差値を求めよ。

---

表1-9　A君のクラスの生徒の体重

| 生徒 | A | B | C | D | E | F | G | H | I | J |
|------|------|------|------|------|------|------|------|------|------|------|
| 体重 | 45 | 55 | 50 | 50 | 55 | 40 | 60 | 50 | 55 | 40 |

**解）**　まず、クラスの生徒の体重の平均を求めると

$$\bar{x} = \frac{45 + 55 + 50 + 50 + 55 + 40 + 60 + 50 + 55 + 40}{10} = \frac{500}{10} = 50$$

となって、平均体重は 50 [kg] ということになる。ここで、それぞれの生徒の平均体重からの偏差 $(x_i - \bar{x})$ および偏差の平方 $(x_i - \bar{x})^2$ は

表 1-10　生徒の体重の平均からの偏差ならびに偏差平方

| 生徒 | A | B | C | D | E | F | G | H | I | J |
|---|---|---|---|---|---|---|---|---|---|---|
| $x - \overline{x}$ | −5 | 5 | 0 | 0 | 5 | −10 | 10 | 0 | 5 | −10 |
| $(x - \overline{x})^2$ | 25 | 25 | 0 | 0 | 25 | 100 | 100 | 0 | 25 | 100 |

と計算できる。よって、このクラスの体重分布の標準偏差は

$$\sigma = \sqrt{\frac{\sum (x_i - \overline{x})^2}{N}} = \sqrt{\frac{400}{10}} \cong 6.32$$

と与えられる。

　標準偏差がわかれば、各生徒の偏差値を計算することもできる。次式

$$偏差値 = \frac{x - \overline{x}}{\sigma} \times 10 + 50$$

より、各生徒の偏差値はつぎの表のように与えられる。

表 1-11　生徒の体重の偏差値

| 生徒 | A | B | C | D | E | F | G | H | I | J |
|---|---|---|---|---|---|---|---|---|---|---|
| 体重 | 45 | 55 | 50 | 50 | 55 | 40 | 60 | 50 | 55 | 40 |
| 偏差値 | 42.09 | 57.91 | 50.00 | 50.00 | 57.91 | 34.19 | 65.81 | 50.00 | 57.91 | 34.19 |

　A 君は体重においても、クラスの平均より下ということになる。

---

**演習** 1-6　つぎの 3 つのグループ A: (1, 2, 3), B: (11, 12, 13), C: (10, 20, 30) のバラ
ツキの大きさを定量的に比較せよ。

---

　**解)**　これらグループの平均値 ($\overline{x}$) は、それぞれ 2, 12, 20 である。データの
数が 3 個の標準偏差は

$$\sigma = \sqrt{\frac{(x_1 - \overline{x})^2 + (x_2 - \overline{x})^2 + (x_3 - \overline{x})^2}{3}}$$

であるから、それぞれのグループで計算すると、グループ A に対しては

第 1 章　データ解析と記述統計

$$\sigma = \sqrt{\frac{(-1)^2 + (0)^2 + (+1)^2}{3}} = \sqrt{\frac{2}{3}} \cong 0.82$$

となる。グループ B では

$$\sigma = \sqrt{\frac{(-1)^2 + (0)^2 + (+1)^2}{3}} = \sqrt{\frac{2}{3}} \cong 0.82$$

となってグループ A と同じ計算式となる。

ところが、グループ C に対しては

$$\sigma = \sqrt{\frac{(-10)^2 + (0)^2 + (+10)^2}{3}} = \sqrt{\frac{200}{3}} \cong 8.16$$

となって、A グループと B グループの標準偏差はまったく同じであるが、C グループは、なんとその 10 倍となっている。よって、A、B のバラツキは同じであるが、C のバラツキは非常に大きいということになる。

ひとによっては、(1, 2, 3) と (10, 20, 30) ではバラツキは変わらないと印象を持つ場合もあろう。統計学では、あくまでも、比ではなく、その絶対値が重要となるのである。

たとえば、標準偏差を見れば、(1, 2, 3) (51, 52, 53) (1001, 1002, 1003) のバラツキはすべて等しいとみなすことができるのである。

ただし、このままでは問題がないわけではない。たとえば、重さの分布が kg 単位で、(1, 2, 3) と与えられているとき、これを g 単位に直すと (1000, 2000, 3000) となってしまい、同じ分布にもかかわらず、標準偏差が大きく異なることになる。

そこで、単位系をそろえることももちろんであるが、いろいろなデータを比較するためには、標準的な値で除して規格化する必要があるのである。

## 1.5.　記述統計から推測統計へ

本章では、生徒の成績、身長、体重などの存在するデータをもとに、平均や分散、標準偏差を求めて統計的な解析を行った。このように、手に入るデータをもとに解析する手法を**記述統計** (descriptive statistics) と呼んでいる。

ところで、もし、日本全国の生徒の身長や体重を解析したいとしたらどうであ

ろうか。あるいは、もっと、データ数を増やして、日本人全体の身長や体重の平均や、その分布を調べたいとしたらどうであろうか。

　もちろん、理論的には、日本人全体のデータを集めて、本章で紹介したように、その平均を求めたり、分散や標準偏差を計算することは可能である。しかし、それには膨大な時間とお金と労力を必要とする。すべてのデータを集めることは実質的に無理な場合もある。それではどうすればよいか。

　ここで、統計学が登場する。統計学では、解析しようとする莫大な数のデータをすべて取り扱う代わりに、いくつかのデータを**標本** (sample) として取り出す。この操作を**標本抽出** (sampling) と呼んでいる。そして、抽出した標本からなるグループの特徴を調べることで、全データの特徴を推測するのである。

　その代表がみなさんご存知のテレビ視聴率である。この数字が 1% 違うだけで莫大なお金が動くので、テレビ局は一喜一憂する。あるいは、この数字の低迷で路頭に迷うテレビ番組制作会社も出てくる。ところが、テレビの視聴率は、テレビを購入している全家庭のデータを調べているわけではなく、聴視者モニターと呼ばれる 1000 から 10000 軒程度のデータをもとに作られているのである。たった、これだけの標本数で全体の何がわかるのであろうかと疑問に思うかもしれないが、これも統計学的な裏づけのもとではじき出された数字である。

　実は、データの数が大きくなると、かなりのデータが**正規分布** (normal distribution) と呼ばれる分布に従うことが知られている。英語では "normal" であり、日本語では「正規」と訳しているが、「ごく当たり前の」あるいは「普通の」という意味である。つまり、ごく一般に存在する分布のことである。実際に、多くの集団のデータは正規分布に従うことが知られている。

　それでは、正規分布とはどのような分布であろうか。それを図で示すと、図1-1 に示すような中心にピークがある釣鐘型 (Bell shape) の分布となる。ここで、中心は平均値 $\mu$ となる。数多くのデータがある場合、当然、その平均値付近に多くのデータが集まり、平均値から値がはずれるほどその数が小さくなっていくことは容易に想像できる。つまり、ごく普通の分布である。

　たとえば、日本の受験生の試験結果を考えてみよう。このとき、平均点前後に多くのデータが集まり、それよりもはるかに点数の高い生徒や、あるいは極端に点数の低い生徒の数が少なくなることは容易に想像できよう。

第1章　データ解析と記述統計

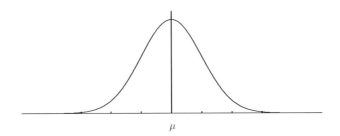

図 1-1　正規分布の形状

　もし、解析しようとしているデータの分布が正規分布に従うということがわかっているとすればどうであろうか。その解析は、かなり楽になる。実は、統計学では、この正規分布が中心的な役割をはたす。その具体例を次章で見てみよう。

# 第 2 章　正規分布とガウス関数


統計を語るときに中心的存在となるのが**正規分布** (normal distribution) である。前章でも紹介したように、「正規」という用語は、やや形式ばっているが、英語では "normal" で、わかりやすく訳せば「ごく当たり前の」あるいは「普通の」という意味となる。

そして、世の中の数多くの集団は正規分布に従うことが知られている。これは、世の中のほとんどの分布が「普通の分布」ということを意味している。ただし、その統計に基づく基礎知識があれば、驚くような解析が可能となる。ここでは、まず、正規分布の威力を実感していただこう。


## 2.1. 統計の視点


ある工場のラインで、製品 2 個を**標本** (sample) として取り出し、長さを測定したところ cm 単位で

$$(14, 16)$$

であった。このとき、どのような解析が可能であろうか。

たった 2 個の標本データでは何もわかるはずがないと多くのひとは考えるかもしれない。しかし、統計学の知識があれば、この工場の製品寸法 $x$ は

$$f(x) = \frac{1}{\sqrt{2\pi}} \exp\left(-\frac{(x-15)^2}{2}\right)$$

という正規分布に従うと予測できるのである。

この数式に登場する "exp" は、英語の "exponential" の略で、「指数」という意味である。ここでは**自然対数の底** (base of natural logarithm) である**ネイピア数** (Napier's constant) : $e$ のことである。

つまり、上記の関数は

$$f(x) = \frac{1}{\sqrt{2\pi}} e^{-\frac{(x-15)^2}{2}}$$

に対応する。指数 $e$ の肩に載ったべきでは、この式のように小さすぎて見にくいので、exp(○) という表記を使い、○に数式が入る。今後、本書では、この表式を採用していくので注意されたい。

また、いろいろな係数がついているが、この関数の基本は

$$f(x) = e^{-x^2} = \exp(-x^2)$$

というかたちをしており、**ガウス関数** (Gaussian function) と呼ばれている。関数名は、もちろん有名な数学者である**ガウス** (Carl Friedrich Gauss, 1777-1855) にちなんでいる。この関数をグラフ化すると図 2-1 にように、$x = 0$ にピークを持ち、左右対称となる。正規分布は、このグラフのようにベルのかたちをしているのである。

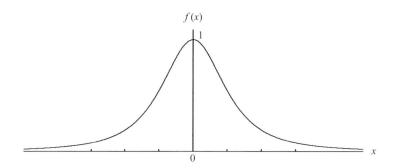

**図 2-1** ガウス関数 $f(x) = \exp(-x^2)$ のグラフ。正規分布は、このグラフのような分布形状をしている。

ガウス関数が、なぜ正規分布を表現できるのかについては、本書で明らかにしていく。また、ネイピア数あるいは指数の $e$ に関しては、本章の補遺に解説があるので、そちらを参照いただきたい。

## 2.2. 平均と分散

それでは、なぜこのような解析が可能であるのか説明しよう。標本 2 個のデータは、cm を単位として

$$(14, 16)$$

であった。そこで、まず、2 個の**平均** (average; mean) を計算してみる。すると、その値は

$$\mu = \frac{14 + 16}{2} = 15$$

となり、平均は 15 [cm] である。ここでは、平均を $\mu$ と表記する。

それでは、平均以外に 2 個のデータから、なにがわかるのであろうか。実は、統計で重要な**分散** (variance) という数値も算出できるのである。第 1 章で紹介したように、分散は、平均からの標本データの偏差の 2 乗和を、標本数で除した値である。よって

$$V = \frac{(14 - 15)^2 + (16 - 15)^2}{2} = 1$$

となる。

実は、正規分布では、平均 $\mu$ と分散 $V$ の 2 個のデータがあれば、その分布式は

$$f(x) = \frac{1}{\sqrt{2\pi V}} \exp\left( -\frac{(x - \mu)^2}{2V} \right)$$

と与えられることがわかっている[2]。

いまの場合、$\mu = 15, V = 1$ であるから、工場でつくられた製品の寸法が従う分布に対応した式は

$$f(x) = \frac{1}{\sqrt{2\pi}} \exp\left( -\frac{(x - 15)^2}{2} \right)$$

と与えられることになる。

このように、統計の知識があれば、たった 2 個のデータからでも、いろいろなことが解析できるのである。

---

[2] この式は、正式には確率密度関数と呼ばれている。確率密度関数については、第 5 章であらためて紹介する。

第 2 章　正規分布とガウス関数

## 2.3.　標本数

　もちろん、標本数が 2 個では心もとないというひともいるであろう。その場合
は、標本数を増やせばよい。ここで、標本数を増やしたら、3 個めの製品寸法が
15 [cm] となったとしよう。すると、標本データは

$$(14, 15, 16)$$

の 3 個となる。

　すると、その平均値は

$$\mu = \frac{14 + 15 + 16}{3} = 15$$

となって変わらない。一方、分散は

$$V = \frac{(14-15)^2 + (15-15)^2 + (16-15)^2}{3} = \frac{2}{3}$$

と変化する。したがって、この場合の分布式は

$$f(x) = \frac{1}{\sqrt{2\pi V}} \exp\left(-\frac{(x-\mu)^2}{2V}\right)$$

に、$\mu = 15, V = 2/3$ を代入することで

$$f(x) = \sqrt{\frac{3}{4\pi}} \exp\left(-\frac{3(x-15)^2}{4}\right)$$

と与えられることになる。

---

**演習 2-1**　ある工場の製品から 3 個の標本を取り出したときの、寸法データが
$(13, 15, 17)$ と与えられるとき、製品寸法の分布を与える式を求めよ。

---

　**解**）　平均 $\mu$ は

$$\mu = \frac{13 + 15 + 17}{3} = 15$$

となり、分散 $V$ は

$$V = \frac{(13-15)^2 + (15-15)^2 + (17-15)^2}{3} = \frac{8}{3}$$

となる。よって

*27*

$$f(x) = \frac{1}{\sqrt{2\pi V}} \exp\left(-\frac{(x-\mu)^2}{2V}\right)$$

に代入すると

$$f(x) = \sqrt{\frac{3}{16\pi}} \exp\left(-\frac{3(x-15)^2}{16}\right)$$

という式が得られる。

---

## 2. 4. 標準偏差

分散をバラツキの指標として使おうとすると、単位が cm ではなく、cm² となってしまう。このため、分散の平方根をバラツキの指標として使うこともある。それが**標準偏差** (standard deviation)：$\sigma$ であった。このとき

$$(14, 15, 16) \quad \rightarrow \quad \sigma = \sqrt{V} = \sqrt{\frac{2}{3}} \cong 0.82$$

$$(13, 15, 17) \quad \rightarrow \quad \sigma = \sqrt{V} = \sqrt{\frac{8}{3}} \cong 1.63$$

となる。これら指標の単位は、寸法と同じ cm となる。分散は、標準偏差 $\sigma$ を使って

$$V = \sigma^2$$

と表記できる。

また、正規分布を与える式

$$f(x) = \frac{1}{\sqrt{2\pi V}} \exp\left(-\frac{(x-\mu)^2}{2V}\right)$$

は、標準偏差 $\sigma$ を使って

$$f(x) = \frac{1}{\sqrt{2\pi}\sigma} \exp\left(-\frac{(x-\mu)^2}{2\sigma^2}\right)$$

と表記することも多い。一般的にも、正規分布を与える式としては、分散 $V$ ではなく、標準偏差 $\sigma$ を使った式が使われることの方が多い。

第 2 章　正規分布とガウス関数

---

**演習 2-2**　ある工場の製品の寸法分布の標準偏差が $\sigma = 2$ [cm] であることがわかっている。このとき、任意の 1 個の標本を取り出しところ、その寸法は 15 [cm] であった。この工場の製品寸法が正規分布に従うと仮定して、その分布式を求めよ。

---

**解)**　標本が 1 個であるので、その寸法を平均 $\mu$ と仮定しよう。すると、製品寸法が従う分布は

$$f(x) = \frac{1}{\sqrt{2\pi}\sigma} \exp\left(-\frac{(x-\mu)^2}{2\sigma^2}\right)$$

であるから、$\mu = 15, \sigma = 2$ を代入すると

$$f(x) = \frac{1}{2\sqrt{2\pi}} \exp\left(-\frac{(x-15)^2}{8}\right)$$

と与えられる。

---

このように、標本が 1 個だけの場合でも、標準偏差 $\sigma$ がわかっていれば、分布式を導出することが可能となる。このとき、標本が 1 個しかないので、その寸法は、平均より高い確率も 1/2、低い確率も 1/2 となる。よって、その寸法を平均 $\mu$ とみなして構わないのである。専門的には、平均の**不偏推定値** (unbiased estimate) と呼んでいる。

## 2. 5.　誤差の分布

実は、正規分布は**誤差** (error) の分布に対応している。それでは、誤差の分布が、どのようなものかを考えてみよう。

たとえば、先ほど登場した工場では、製品の長さを 15 [cm] に合わせようとしていたとしよう。しかし、必ずしも、すべての製品が目標の 15 [cm] となるわけではなく、この値からずれるものが出てくる。これが誤差である。

たとえば、工場でつくられた製品の寸法を、誤差に変換すると

$$(14, 15, 16) \quad \rightarrow \quad (-1, 0, +1)$$

となる。このとき、誤差の平均は

$$\mu = \frac{(-1) + 0 + (+1)}{3} = 0$$

となる。この結果は、誤差は大きい側にも小さい側にも平等に生じることを意味している。

つぎに分散は、どうであろうか。定義に従えば

$$V = \frac{(-1-0)^2 + (0-0)^2 + (+1-0)^2}{3} = \frac{2}{3}$$

となる。これは、製品寸法 (14, 15, 16) の分散と一致している。

ここで、誤差の分散を示す式を考えよう。正規分布の一般式

$$f(x) = \frac{1}{\sqrt{2\pi V}} \exp\left(-\frac{(x-\mu)^2}{2V}\right)$$

に、$\mu = 0, V = 2/3$ を代入すると

$$f(x) = \sqrt{\frac{3}{4\pi}} \exp\left(-\frac{3}{4}x^2\right)$$

となる。

このように、誤差の分布では、平均は $\mu = 0$ となるので、その特徴を与えるのは、分散のみとなる。つまり

$$f(x) = \frac{1}{\sqrt{2\pi V}} \exp\left(-\frac{x^2}{2V}\right)$$

が基本式となる。

このとき、驚くことに、正規分布の特徴、つまり分布の形状を決める変数は分散のみとなるのである。そして、平均が $\mu$ の場合は、このグラフの中心を $x = 0$ から、$x = \mu$ に平行移動させるだけでよいのである。

---

演習 2-3　ある工場において、製品寸法の目標を 15 [cm] とし、3 個の標本データが (13, 15, 17) であるとき、誤差の分布を与える式を求めよ。

---

**解)**　誤差の分布は

$$(13, 15, 17) \quad \rightarrow \quad (-2, 0, +2)$$

となる。分散は

第 2 章　正規分布とガウス関数

$$V = \frac{(-2-0)^2 + (0-0)^2 + (+2-0)^2}{3} = \frac{8}{3}$$

となるので

$$f(x) = \frac{1}{\sqrt{2\pi V}} \exp\left(-\frac{x^2}{2V}\right) = \sqrt{\frac{3}{16\pi}} \exp\left(-\frac{3x^2}{16}\right)$$

となる。

---

**演習** 2-4　ある工場において、製品寸法の目標を 15 [cm] とし、3 個の標本データが (13, 16, 17) であるとき、誤差の分布を与える式を求めよ。

---

**解)**　誤差の分布は

$$(13, 16, 17) \quad \rightarrow \quad (-2, +1, +2)$$

となる。分散は

$$V = \frac{(-2-0)^2 + (+1-0)^2 + (+2-0)^2}{3} = \frac{9}{3} = 3$$

となるので

$$f(x) = \frac{1}{\sqrt{2\pi V}} \exp\left(-\frac{x^2}{2V}\right) = \frac{1}{\sqrt{6\pi}} \exp\left(-\frac{x^2}{6}\right)$$

となる。

---

　ところで、誤差の原因はなんであろうか。作業に従事している従業員の技量の問題があるかもしれない。あるいは、製造に使う器具に狂いがあるかもしれない。使用している物差しにも誤差のある可能性もある。このように、誤差の原因には、いろいろな要因が考えられる。当然、誤差の幅も要因によって変化することになる。それが、分散に反映されるのである。

## 2. 6.　誤差分布の形状

　実際の操業にあたっては、誤差のない寸法を狙っているので、数多くのデータは、誤差 0 の近傍に位置するはずである。そして、誤差は大きい側にも小さい側

にも同じ確率で発生する（はずである）。

さらに、誤差が大きくなれば、それが起こる確率は減っていくと考えられる。つまり、誤差は 0 の位置にピークを持ち、プラス側にもマイナス側にも同等に発生し、誤差が大きくなるに従ってその数は減っていくものと予想される。つまり、その分布は、図 2-2 に示したようなグラフに従うと考えられる。

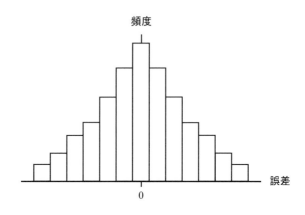

図 2-2　誤差の分布

ただし、このグラフは誤差の幅を大きくとってある。実際には、誤差の幅は小さくすることができ、製品数が増えれば、なめらかなグラフとなる。そして、この誤差の分布を表現するのに適しているのが、先ほど紹介したガウス関数

$$f(x) = \exp(-x^2)$$

なのである。

この関数は

$$f(-x) = \exp(-(-x)^2) = \exp(-x^2) = f(x)$$

のように偶関数であるから、$y$ 軸に関して左右対称となる。つぎに、$x = 0$ を代入すると

$$f(0) = e^0 = 1$$

となる。

また、この導関数を求めると

$$f'(x) = -2x\exp(-x^2)$$

となるので

*32*

第 2 章　正規分布とガウス関数

$$x < 0 \quad \text{では} \quad f'(x) > 0 \quad \text{となって単調増加}$$
$$x > 0 \quad \text{では} \quad f'(x) < 0 \quad \text{となって単調減少}$$

である。

つまり、この関数は $y$ 軸を中心にして左右対称であり、$x$ の絶対値の増加とともに正負の両方向で減少する。また、$x \to \pm\infty$ の極限では

$$\lim_{x \to \pm\infty} \exp(-x^2) = 0$$

となる。

よって、グラフは、中心にピークを持ち、両側で減少し、中心から離れるに従って減衰し無限遠で 0 になるという特徴を持った関数となっている。それが図2-1 である。

---

**演習 2-5**　導関数を利用して関数 $y = e^{-x^2} = \exp(-x^2)$ の**変曲点** (inflection point) を求めよ。

---

**解）**　$t = -x^2$ とおくと $y = e^t$ であり $dt/dx = -2x$ であるから

$$\frac{dy}{dx} = \frac{dy}{dt}\frac{dt}{dx} = e^t(-2x) = (-2x)e^{-x^2}$$

となる。

2 階導関数を求めると

$$\frac{d^2y}{dx^2} = \frac{d\left\{(-2x)e^{-x^2}\right\}}{dx} = -2e^{-x^2} + (-2x)(-2x)e^{-x^2} = e^{-x^2}\left(4x^2 - 2\right)$$

となり、変曲点は $d^2y/dx^2 = 0$ を満足する点であるから

$$x = \pm\sqrt{\frac{1}{2}} = \pm 0.707$$

となる。

---

よって、$y = e^{-x^2} = \exp(-x^2)$ のグラフの特徴を**増減表** (derivative sign chart)

としてまとめると表 2-1 のようになる。

表 2-1 増減表

| $x$ | $-\infty$ | | $-1/\sqrt{2}$ | | 0 | | $+1/\sqrt{2}$ | | $+\infty$ |
|---|---|---|---|---|---|---|---|---|---|
| $f(x)$ | 0 | ↗ | $1/\sqrt{e}$ | ↗ | 1 | ↘ | $1/\sqrt{e}$ | ↘ | 0 |
| $f'(x)$ | | + | | + | 0 | − | | − | |
| $f''(x)$ | | | 0 | | | | 0 | | |

このグラフは左右対称であるので、正の領域で考えると単調減少であるが、

$0 \leq x < 1/\sqrt{2}\ (\cong 0.707)$ では上に凸のグラフ

$1/\sqrt{2} < x$ では下に凸のグラフ

となる。

結局、グラフは図 2-3 に示したようになり、ちょうど外国製のベルのような形状をしている。また、中心から離れるに従って減衰し無限遠で 0 になるという特徴を持っている。

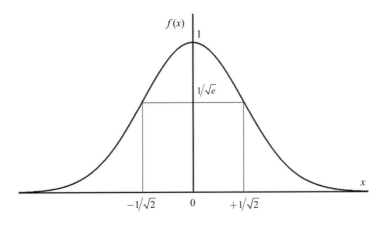

図 2-3 増減表に基づく $y = f(x) = \exp(-x^2)$ のグラフ

## 2.6.1. 分散の影響

以上の解析では、ガウス関数の基本形として $y = \exp(-x^2)$ を考えたが、このままでは、誤差の分布は変化しない。実際には、誤差が大きい分布や小さい分布があり、その影響を取り入れる必要がある。

そこで、ガウス関数を

$$y = \exp(-ax^2) = e^{-ax^2}$$

と修正し、定数 $a$ の影響を考えてみる。

まず、この定数 $a$ は正 $(a > 0)$ でなければならない。なぜなら負であれば $x \to \infty$ で無限大になってしまうからである。

つぎに、$a$ の値が大きいと $x$ の増加とともに関数の値は急激に減少するが、$a$ の値が小さいと、いつまでも尾を引いていく。つまり、分布の拡がりに対応した定数であることがわかる。

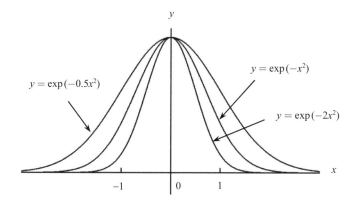

図 2-4  $y = \exp(-ax^2)$ のグラフ：$a = 0.5, 1, 2$ に対応している。

たとえば、$a$ の値として $2, 1, 0.5$ としてグラフを描くと、図2-4のようになる。この図に示すように、$a$ の値が小さいほどすそ拡がりのグラフとなる。製品誤差という観点からは、$a$ の値が大きいほど優秀ということになる。これは、分散 $V$ によって、$a$ の値が決まることになり、さらに $a$ は $V$ に反比例することを示唆している。したがって、$a \to 1/V$ となると予想されるが、実際には係数 2 がついて

$$f(x) = C \exp\left(-\frac{x^2}{2V}\right)$$

となる。ただし、$C$ は定数項である。

この表式が、誤差の分散 $V$ を考慮した分布となる。ところで、これが誤差の分布とすれば、この関数を誤差 $x$ の全範囲で積分したものは、全サンプル数となるはずである。これをもとに、定数項 $C$ を決めていこう。

### 2.6.2. ガウス関数の積分

定数項 $C$ を求めるためには、ガウス関数を $-\infty \leq x \leq +\infty$ の範囲で積分する必要がある。

$$\int_{-\infty}^{+\infty} \exp(-ax^2)dx$$

これは、**広義積分** (improper integral) であるが、その解法はよく知られている。それを紹介しよう。まず

$$I = \int_{-\infty}^{+\infty} \exp(-ax^2)dx = \int_{-\infty}^{+\infty} \exp(-ay^2)dy$$

という $x, y$ に関する積分を考え、積分値を $I$ と置く。ここで、これら積分の積を計算すると

$$I^2 = \int_{-\infty}^{+\infty} \exp(-ax^2)dx \cdot \int_{-\infty}^{+\infty} \exp(-ay^2)dy$$

となるが、$x$ と $y$ は互いに独立であるので

$$I^2 = \int_{-\infty}^{+\infty} \int_{-\infty}^{+\infty} \exp\left(-a(x^2 + y^2)\right)dxdy$$

という **2 重積分** (double integral) のかたちに書くことができる。

この積分は図 2-5 に示すような図形の体積分となる。ちょうど

$$z = f(x) = \exp(-ax^2)$$

という関数を $z$ 軸のまわりに 360° 回転してできる立体の体積である。

ここで、積分を**極座標** (polar coordinates) に置き換えてみよう。すると

$$x^2 + y^2 = r^2$$

第 2 章　正規分布とガウス関数

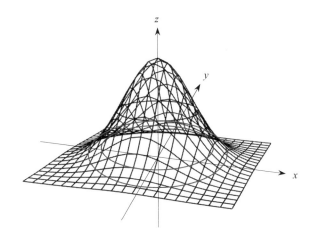

図 2-5　$z = \exp\{-(x^2 + y^2)\}$ のグラフ

という関係にあり、さらに $dxdy$ という**直交座標** (rectangular coordinate) の面積素は

$$dxdy \rightarrow rdrd\theta$$

と変換される。積分範囲は

$$-\infty \leq x \leq +\infty, \ -\infty \leq y \leq +\infty \rightarrow 0 \leq r \leq +\infty, \ 0 \leq \theta \leq 2\pi$$

と変換されるので

$$I^2 = \int_{-\infty}^{+\infty}\int_{-\infty}^{+\infty} \exp\left(-a(x^2+y^2)\right)dxdy = \int_{0}^{2\pi}\int_{0}^{+\infty} \exp(-ar^2)rdrd\theta$$

となる。

---

**演習 2-6**　$r$ に関する積分

$$\int_{0}^{+\infty} \exp(-ar^2)rdr$$

を実行せよ。

---

**解）**　$t = -ar^2$ と置くと、$dt = -2ardr$ であるから

37

$$\int_0^{+\infty} \exp(-ar^2)r\,dr = \int_0^{-\infty} -\frac{\exp(t)}{2a}dt = \left[-\frac{\exp(t)}{2a}\right]_0^{-\infty} = \frac{1}{2a}$$

となる。

---

よって

$$I^2 = \int_0^{2\pi}\int_0^{+\infty} \exp(-ar^2)r\,dr\,d\theta = \int_0^{2\pi}\frac{1}{2a}d\theta = \left[\frac{\theta}{2a}\right]_0^{2\pi} = \frac{2\pi}{2a} = \frac{\pi}{a}$$

したがって

$$I = \pm\sqrt{\frac{\pi}{a}}$$

この積分の値は正であるから

$$I = \int_{-\infty}^{+\infty}\exp(-ax^2)dx = \sqrt{\frac{\pi}{a}}$$

と与えられる。

この結果は、有名な**ガウス積分** (Gaussian integral) として知られている。これで、定数項 $C$ の値を求める準備ができたことになる。

---

**演習** 2-7　製品の総数を $N$ とする。ここで、誤差の分布関数として
$$f(x) = C\exp(-ax^2)$$
を考えたとき、定数 $C$ の値を求めよ。

---

**解）**　誤差の分布関数を全範囲で積分すれば、製品数 $N$ となるはずである。したがって

$$\int_{-\infty}^{+\infty} Ce^{-ax^2}dx = N$$

となる。ここで、ガウス積分から

$$\int_{-\infty}^{+\infty} Ce^{-ax^2}dx = C\int_{-\infty}^{+\infty} e^{-ax^2}dx = C\sqrt{\frac{\pi}{a}}$$

したがって

第 2 章　正規分布とガウス関数

$$C = \frac{N\sqrt{a}}{\sqrt{\pi}}$$

と与えられる。

したがって、いまの場合、誤差が $x$ となる製品の個数 $F(x)$ は

$$F(x) = \frac{N\sqrt{a}}{\sqrt{\pi}} \exp(-ax^2)$$

と与えられることになる。

## 2.7.　正規分布に対応した関数

ガウス関数を利用すると、総数が $N$ の製品に現れる誤差の分布を表現することができる。誤差の分布は正規分布に従うので、前節で求めた関数は、正規分布を表す表現ということになる。もう一度書くと

$$F(x) = \frac{N\sqrt{a}}{\sqrt{\pi}} \exp(-ax^2)$$

となる。ここで

$$a = \frac{1}{2V}$$

であったから

$$F(x) = \frac{N}{\sqrt{2\pi V}} \exp\left(-\frac{x^2}{2V}\right)$$

と与えられる。これが、データ総数が $N$ の正規分布を示す関数である。

しかし、このままでは、製品数 $N$ が関数の中に入っているため、$N$ に左右される。そこで

$$f(x) = \frac{F(x)}{N} = \frac{1}{\sqrt{2\pi V}} \exp\left(-\frac{x^2}{2V}\right)$$

という関数を考える。すると

$$\int_{-\infty}^{+\infty} f(x)dx = 1$$

となって、この関数 $f(x)$ を全領域で積分すると、その値が 1 となる。

実は、このような特徴を持った関数 $f(x)$ を**確率密度関数** (probability density function) と呼んでいる。

この関数をある区間で積分すれば、この範囲に存在するデータ数がデータ全体のどの程度の割合を占めるかが得られる。このとき、$f(x)dx$ は、誤差が $x$ と $x + dx$ の範囲に入る確率を与える。あるいは

$$\int_a^b f(x)dx$$

という積分は、$x$ が $a \leq x \leq b$ という範囲に入る確率を与えることになる。いまの場合、**確率** (probability) の記号 $P$ を使うと

$$P(a \leq x \leq b) = \int_a^b \frac{1}{\sqrt{2\pi V}} \exp\left(-\frac{x^2}{2V}\right) dx$$

と書くことができる。さらに、明らかに

$$P(-\infty \leq x \leq +\infty) = \int_{-\infty}^{+\infty} \frac{1}{\sqrt{2\pi V}} \exp\left(-\frac{x^2}{2V}\right) dx = 1$$

となる。

このように、誤差の確率分布を示す関数において、未知の変数は、分散の $V$ だけである。よって、$V$ さえわかれば誤差の分布、つまり正規分布をすべて知ることができるのである。

## 2.8. 標準正規分布

この確率密度関数は誤差の分布だけではなく、数多くの成分からなる集団の分布をうまく表現できることが知られている。

誤差の分布では中心が 0 になるが、製品寸法の分布では中心が分布の平均 $\mu$ となる。この場合、すべてのデータが平行移動 $(0 \rightarrow \mu)$ するので、分布のかたちはまったく変わらない。関数として、これに対処するのは簡単で

$$f(x) = \frac{1}{\sqrt{2\pi V}} \exp\left(-\frac{(x-\mu)^2}{2V}\right)$$

のように変化させればよい。この関数が、一般の分布を表現することになる。かつては、すべての分布が正規分布になると考えられていた時代もあったが、現在

では、正規分布以外の存在も知られている[3]。

正規分布を表現するときには "normal distribution" の頭文字である $N$ を使って
$$N(\mu, V)$$
のように表記する。

つまり、平均 $\mu$ と分散 $V$ の値がわかれば、どのような正規分布であるかがわかるのである。すでに紹介したように、正規分布では、分散 $V$ ではなく、標準偏差 $\sigma$ をつかって表現する場合も多く
$$N(\mu, \sigma^2)$$
のようにも表記する。

この場合の確率密度関数は
$$f(x) = \frac{1}{\sigma\sqrt{2\pi}} \exp\left(-\frac{(x-\mu)^2}{2\sigma^2}\right)$$
となる。

これ以降の説明は分散 $V$ ではなく、標準偏差 $\sigma$ の式を使って行う。この関数をグラフ化すると図 2-6 のようになる。ここで平均 $\mu$ から $\sigma$ 離れた点が**変曲点** (inflection point) となる。

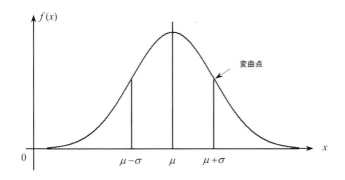

図 2-6 正規分布 $N(\mu, \sigma^2)$ のグラフ

このように、分布をガウス関数で表現できれば、ある範囲にデータが存在する

---
[3] 他の確率密度関数については、本書でも紹介する。

確率は

$$P\left(a \leq x \leq b\right) = \int_a^b \frac{1}{\sigma\sqrt{2\pi}} \exp\left(-\frac{(x-\mu)^2}{2\sigma^2}\right) dx$$

という積分で計算できる。

---

**演習** 2-8　確率密度関数　$f(x) = \dfrac{1}{\sigma\sqrt{2\pi}} \exp\left(-\dfrac{(x-\mu)^2}{2\sigma^2}\right)$ に

$$z = \frac{x-\mu}{\sigma}$$

という変数変換を施し、$P\left(a \leq x \leq b\right)$ を $z$ で表せ。

---

　**解**）　まず確率密度関数は

$$f(x)dx = \frac{1}{\sigma\sqrt{2\pi}} \exp\left(-\frac{(x-\mu)^2}{2\sigma^2}\right) dx$$

において $z = \dfrac{x-\mu}{\sigma}$ から $dz = \dfrac{dx}{\sigma}$ となるので

$$f(z)dz = \frac{1}{\sqrt{2\pi}} \exp\left(-\frac{z^2}{2}\right) dz$$

となる。つぎに、積分範囲の $a \leq x \leq b$ は

$$z_1 = \frac{a-\mu}{\sigma} \leq z = \frac{x-\mu}{\sigma} \leq z_2 = \frac{b-\mu}{\sigma}$$

となるので

$$P\left(\frac{a-\mu}{\sigma} \leq z \leq \frac{b-\mu}{\sigma}\right) = \int_{z_1}^{z_2} \frac{1}{\sqrt{2\pi}} \exp\left(-\frac{z^2}{2}\right) dz$$

となる。

---

　この確率密度関数

$$f(z) = \frac{1}{\sqrt{2\pi}} \exp\left(-\frac{z^2}{2}\right)$$

は、平均が 0 で標準偏差が 1 の正規分布に相当する。つまり

第 2 章　正規分布とガウス関数

$$N(0, 1^2)$$

と書くことができる。もちろん、$N(0, 1)$ と表記してもよい。

　このような正規分布を特に**標準正規分布** (standard normal distribution) と呼んでいる。つまり、すべての正規分布は

$$z = \frac{x - \mu}{\sigma}$$

という変数変換を行えば、標準正規分布に変換することができるのである。よって、標準正規分布の積分計算をまず行い、そののち

$$x = \sigma z + \mu$$

という逆の変数変換を行うと、一般の正規分布 $N(\mu, \sigma^2)$ に変換することが可能となる。よって、この基本形の積分計算さえ行えば、すべての正規分布に対応した積分結果を得ることができる。よって問題は

$$I(z) = \int_0^z \frac{1}{\sqrt{2\pi}} \exp\left(-\frac{z^2}{2}\right) dz$$

という積分をいかに実施するかである。

## 2.9.　正規分布の計算方法

　それでは、この定積分はどのようにして求めたらよいのであろうか。実は、このような積分を求める場合の常套手段として、級数展開を利用する方法がある。

　本章の補遺に示したように、指数関数は

$$e^x = \exp(x) = 1 + \frac{1}{1!}x + \frac{1}{2!}x^2 + \frac{1}{3!}x^3 + \frac{1}{4!}x^4 + ... + \frac{1}{n!}x^n + ...$$

というべき級数に展開することができる。

---

**演習 2-9**　$\exp(x)$ の級数展開式を利用して

$$\int \exp\left(-\frac{x^2}{2}\right) dx$$

を求めよ。

---

　**解**）　$\exp(x)$ の展開式を利用すると

*43*

$$\exp\left(-\frac{x^2}{2}\right) = 1 + \frac{1}{1!}\left(-\frac{x^2}{2}\right) + \frac{1}{2!}\left(-\frac{x^2}{2}\right)^2 + \frac{1}{3!}\left(-\frac{x^2}{2}\right)^3 + \frac{1}{4!}\left(-\frac{x^2}{2}\right)^4 + \dots$$

となる。まとめると

$$\exp\left(-\frac{x^2}{2}\right) = 1 - \frac{1}{1!}\frac{1}{2}x^2 + \frac{1}{2!}\frac{1}{2^2}x^4 - \frac{1}{3!}\frac{1}{2^3}x^6 + \frac{1}{4!}\frac{1}{2^4}x^8 + \dots$$

となる。

この多項式から

$$\int \exp\left(-\frac{x^2}{2}\right)dx = x - \frac{1}{1!}\frac{1}{2}\frac{1}{3}x^3 + \frac{1}{2!}\frac{1}{2^2}\frac{1}{5}x^5 - \frac{1}{3!}\frac{1}{2^3}\frac{1}{7}x^7 + \frac{1}{4!}\frac{1}{2^4}\frac{1}{9}x^9 + \dots$$

という積分結果が得られる。ただし、積分定数は省略している。

---

演習の結果を利用すると

$$\int_0^a \exp\left(-\frac{x^2}{2}\right)dx = a - \frac{1}{1!}\frac{1}{2}\frac{1}{3}a^3 + \frac{1}{2!}\frac{1}{2^2}\frac{1}{5}a^5 - \frac{1}{3!}\frac{1}{2^3}\frac{1}{7}a^7 + \frac{1}{4!}\frac{1}{2^4}\frac{1}{9}a^9 + \dots$$

という級数で $a$ に適当な数値を代入することで積分の値を得ることができる。

---

**演習** 2-10　上記の級数展開式をもとに

$$\int_0^1 \exp\left(-\frac{x^2}{2}\right)dx$$

を計算せよ。

---

**解）**　上記の式に $a = 1$ を代入すると

$$\int_0^1 \exp\left(-\frac{x^2}{2}\right)dx = 1 - \frac{1}{1!}\frac{1}{2}\frac{1}{3} + \frac{1}{2!}\frac{1}{2^2}\frac{1}{5} - \frac{1}{3!}\frac{1}{2^3}\frac{1}{7} + \frac{1}{4!}\frac{1}{2^4}\frac{1}{9} + \dots$$

$$= 1 - \frac{1}{6} + \frac{1}{40} - \frac{1}{336} + \frac{1}{3456} + \dots \cong 0.8556$$

となる。

---

したがって、この値を $\sqrt{2\pi} \cong 2.507$　で除すことで

第 2 章　正規分布とガウス関数

$$I(1) = \int_0^1 \frac{1}{\sqrt{2\pi}} \exp\left(-\frac{x^2}{2}\right) dx \cong 0.3413$$

と計算できる[4]。

　この式に従って、地道に計算していけば、積分値を計算することができる。これら積分に対応した表も用意されている。

　実際の正規分布表は長いが、表 2-2 にそのごく一部を取り出したものを例として示す。$I(z)$ は、図 2-7 の射影部の面積に相当する。ここで、標準正規分布では 1 は $\sigma$ に相当する。この 2 倍の 0.6826 が中心から $\pm\sigma$ の範囲にデータが存在する確率となる。この範囲を $1\sigma$ と呼んでいる。1 シグマやワンシグマと発音する。

**表 2-2**　正規分布表の一例

| $z$ | 0 | 1.0 | 2.0 | 3.0 |
|---|---|---|---|---|
| $I(z)$ | 0 | 0.3413 | 0.4773 | 0.4987 |

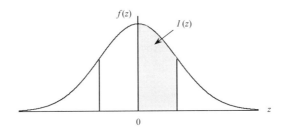

**図 2-7**　正規分布表に載っている $I(z)$ のデータは図の射影部分の面積に相当する。

この表を使うと

$$I(2) = \int_0^2 \frac{1}{\sqrt{2\pi}} \exp\left(-\frac{z^2}{2}\right) dz \cong 0.4773$$

のように、積分結果が自動的に与えられる。この 2 倍の 0.9546 は、正規分布において中心から $\pm 2\sigma$ の範囲にデータが分布する確率を示している。

---

[4] 本書では、今後、このような小数点以下に数字の並ぶ値が登場するが、四捨五入や計算プログラムによって端数にわずかな差が生じることがあるので注意されたい。

演習 2-11　正規分布表を利用して、つぎの積分の値を求めよ。

$$\int_2^8 \frac{1}{5\sqrt{2\pi}} \exp\left(-\frac{(x-4)^2}{50}\right) dx$$

解）　これは一般式

$$\int_a^b \frac{1}{\sigma\sqrt{2\pi}} \exp\left(-\frac{(x-\mu)^2}{2\sigma^2}\right) dx$$

において、$\mu = 4, \sigma = 5$ とし、$a = 2, b = 8$ の範囲 ($2 \leq x \leq 8$) の積分である。そこで、つぎの変数変換をする。

$$z = \frac{x-\mu}{\sigma} = \frac{x-4}{5}$$

すると、積分範囲は

$$a = 2 \quad \rightarrow \quad z = -0.4 \qquad b = 8 \quad \rightarrow \quad z = 0.8$$

と変化する。

よって、求める積分は

$$\int_{-0.4}^{0.8} \frac{1}{\sqrt{2\pi}} \exp\left(-\frac{z^2}{2}\right) dz = \int_{-0.4}^{0} \frac{1}{\sqrt{2\pi}} \exp\left(-\frac{z^2}{2}\right) dz + \int_{0}^{0.8} \frac{1}{\sqrt{2\pi}} \exp\left(-\frac{z^2}{2}\right) dz$$

$$= \int_{0}^{0.4} \frac{1}{\sqrt{2\pi}} \exp\left(-\frac{z^2}{2}\right) dz + \int_{0}^{0.8} \frac{1}{\sqrt{2\pi}} \exp\left(-\frac{z^2}{2}\right) dz$$

正規分布表で $z$ が 0.4 および 0.8 の値を読むと 0.1554 および 0.2881 である。

表 2-3　正規分布表の一例

| $z$ | 0.2 | 0.4 | 0.6 | 0.8 |
|---|---|---|---|---|
| $I(z)$ | 0.0793 | 0.1554 | 0.2257 | 0.2881 |

したがって

$$\int_{-0.4}^{0.8} \frac{1}{\sqrt{2\pi}} \exp\left(-\frac{z^2}{2}\right) dz = 0.1554 + 0.2881 = 0.4435$$

となる。結局

第 2 章　正規分布とガウス関数

$$\int_2^8 \frac{1}{5\sqrt{2\pi}} \exp\left(-\frac{(x-4)^2}{50}\right) dx = 0.4435$$

が解となる。

　最近のコンピュータソフトでは、数多くの確率密度関数が組み込み関数として
インストールされており、数値を代入するだけで積分計算結果が得られるように
なっている。たとえば、Microsoft EXCEL の NORM 関数を使えば、正規分布に
関するいろいろなデータが簡単に得られる。

NORM.S.DIST ($a$, TRUE)

と入力[5]すると

$$\int_{-\infty}^a \frac{1}{\sqrt{2\pi}} \exp\left(-\frac{x^2}{2}\right) dx$$

の計算結果が得られる。"TRUE" は関数形に対応しており、TRUE では累積分布
関数、つまり、上記の $a$ までの積分の値が得られる。FALSE では、確率密度関
数、つまり $f(a)$ の値が出力される。

　ここで、$a = 1$ の場合

NORM.S.DIST (1, TRUE) = 0.8413

と出力される。この値から

$$I(1) = \int_0^1 \frac{1}{\sqrt{2\pi}} \exp\left(-\frac{x^2}{2}\right) dx$$

の値を求めたいときは、下側半分の 0.5 を引けばよく

$I(1) = 0.8413 - 0.5 = 0.3413$

と与えられる。

NORM.S.DIST (2, TRUE) = 0.9772

NORM.S.DIST (3, TRUE) = 0.9987

という出力から

$I(2) = 0.9772 - 0.5 = 0.4772$　　$I(3) = 0.9987 - 0.5 = 0.4987$

となる。よって

---

[5] S は "standard" の意味である。DIST は "distribution" の略である。よって、NORM.S.DIST
で標準正規分布となる。

$$\int_2^3 \frac{1}{\sqrt{2\pi}} \exp\left(-\frac{x^2}{2}\right) dx = I(3) - I(2) = 0.0215$$

という計算結果が得られる。

また、演習 2-11 では、一般の正規分布 $N(\mu, \sigma^2)$ を標準正規分布 $N(0, 1^2)$ に変換して計算しているが、Microsoft EXCEL の組み込み関数の NORM.DIST 関数では、一般の正規分布に対応しているので、変換せずに直接計算が可能となる。もちろん、この関数は正規分布の英語の "normal distribution" に基づいている。このとき NORM.DIST $(a, \mu, \sigma, \text{TRUE})$ と入力すると

$$\int_{-\infty}^{a} \frac{1}{\sigma\sqrt{2\pi}} \exp\left(-\frac{(x-\mu)^2}{2\sigma^2}\right) dx$$

の値が得られる。NORM.DIST の場合も TRUE では累積分布関数の値、つまり $a$ までの積分の値が、FALSE では、確率密度関数の値 $f(a)$ が出力される。

$$\int_{a}^{b} \frac{1}{\sigma\sqrt{2\pi}} \exp\left(-\frac{(x-\mu)^2}{2\sigma^2}\right) dx$$

を計算するには

NORM.DIST $(b, \mu, \sigma, \text{TRUE})$ − NORM.DIST $(a, \mu, \sigma, \text{TRUE})$

と入力すればよい。実際に

$$\int_{2}^{8} \frac{1}{5\sqrt{2\pi}} \exp\left(-\frac{(x-4)^2}{50}\right) dx$$

を計算してみると

NORM.DIST $(8, 4, 5, \text{TRUE})$ − NORM.DIST $(2, 4, 5, \text{TRUE})$
$$= 0.7881 - 0.3446 = 0.4435$$

となって、先ほど求めたものと同じ値が得られる。

---

**演習 2-12**　全国大学模擬試験において、数学の平均点が 50 点、その標準偏差が 10 点という結果が得られた。その得点分布が正規分布に従うとして、得点が 40 点から 70 点の範囲に入る生徒数が全生徒数に占める割合を求めよ。

---

**解）**　この得点範囲に入る生徒の割合は

第2章　正規分布とガウス関数

$$\int_a^b \frac{1}{\sqrt{2\pi}\sigma} \exp\left(-\frac{(x-\mu)^2}{2\sigma^2}\right)dx$$

において、$\mu = 50, \sigma = 10, a = 40, b = 70$ とした積分

$$\int_{40}^{70} \frac{1}{10\sqrt{2\pi}} \exp\left(-\frac{(x-50)^2}{200}\right)dx$$

で与えられる。

　ここでは、Microsoft EXCEL の NORM.DIST 関数を利用して計算してみよう。すると

$$\text{NORM.DIST}(70, 50, 10, \text{TRUE}) - \text{NORM.DIST}(40, 50, 10, \text{TRUE})$$
$$= 0.97725 - 0.15866 = 0.81859$$

から

$$\int_{40}^{70} \frac{1}{10\sqrt{2\pi}} \exp\left(-\frac{(x-50)^2}{200}\right)dx \cong 0.8186$$

となって、この得点範囲には全体の 81.86% の生徒が入ることになる。

## 2. 10.　68－95－99.7 則

　実は、正規分布であればその種類に関係なく、図 2-8 に示すように、平均から標準偏差だけ離れた範囲内（$\mu - \sigma \leq x \leq \mu + \sigma$）には、データの 0.6826、つまり約 68% のデータが集まることが知られている。

　さらに、$\mu - 2\sigma \leq x \leq \mu + 2\sigma$ の範囲には、総データの 0.9546、つまり 95% 以上が存在する。そして、$\mu - 3\sigma \leq x \leq \mu + 3\sigma$ の範囲には、総データの 99.7% が存在する。このため、標準偏差 $\sigma$ を単位として、その存在確率を示す場合も多く、それぞれの区間を 1 シグマ、2 シグマ、3 シグマ区間などと呼んでいる。英語では、one, two, and three standard deviations of the mean となる。

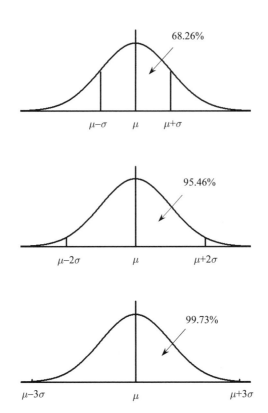

**図 2-8** 正規分布においては、$\mu \pm \sigma$ の範囲には全体の 68.26%、$\mu \pm 2\sigma$ の範囲には全体の 95.46%、$\mu \pm 3\sigma$ の範囲には全体の 99.73% のデータが存在する。

つまり、正規分布の場合

$\mu \pm \sigma$ の範囲（$1\sigma$ 区間）には全体の 68%

$\mu \pm 2\sigma$ の範囲（$2\sigma$ 区間）には全体の 95%

$\mu \pm 3\sigma$ の範囲（$3\sigma$ 区間）には全体の 99.7%

が存在する。

これを 68－95－99.7 則 (68－95－99.7 rule; three $\sigma$ rule) と呼んでいる。つまり、±3$\sigma$ 以外の範囲にはたったの 0.27% しか存在しないことになる。確率で示すと

第 2 章　正規分布とガウス関数

$$P(\mu - \sigma \leq x \leq \mu + \sigma) = 0.68$$
$$P(\mu - 2\sigma \leq x \leq \mu + 2\sigma) = 0.95$$
$$P(\mu - 3\sigma \leq x \leq \mu + 3\sigma) = 0.997$$

となる。

---

**演習 2-13**　全国大学入試模擬試験の結果が正規分布に従うとする。その平均点が 60 点で、標準偏差が 10 点の試験では、90 点よりも高い得点をとる生徒の割合はどの程度か。

---

**解)**　$\mu = 60, \sigma = 10$ の正規分布であるから、$\mu \pm 3\sigma$ の範囲に点数が入る生徒の割合は全体の 99.7% となる。この範囲は $60 - 3 \times 10 = 30$ 点から $60 + 3 \times 10 = 90$ 点である。したがって、点数が 30 点以下、ならびに 90 点以上の範囲に入る生徒は 0.27% となり、よって、90 点以上の生徒は全体の 0.135% となる。

## 2. 11.　誤差関数

理工系分野で登場する関数に**誤差関数** (error function) がある。その定義は

$$\mathrm{erf}(a) = \frac{2}{\sqrt{\pi}} \int_0^a \exp(-x^2)dx$$

となっており、係数は別にしてガウス関数そのものである。標準正規分布の累積分布関数が

$$I(b) = \int_0^b \frac{1}{\sqrt{2\pi}} \exp\left(-\frac{z^2}{2}\right)dz$$

であったので、よく似ている。

---

**演習 2-14**　誤差関数の変数を $x = z / \sqrt{2}$ と変換せよ。

---

**解)**　$dx = dz / \sqrt{2}$ となり、積分範囲は

51

$$0 \leq x \leq a \quad から \quad 0 \leq z \leq \sqrt{2}\,a$$

へと変化する。よって

$$\mathrm{erf}(a) = \sqrt{\frac{2}{\pi}} \int_0^{\sqrt{2}a} \exp\left(-\frac{z^2}{2}\right) dz = 2 \int_0^{\sqrt{2}a} \frac{1}{\sqrt{2\pi}} \exp\left(-\frac{z^2}{2}\right) dz$$

となる。

---

ここで、対応をわかりやすくするために $\sqrt{2}\,a = t$ と置けば

$$\mathrm{erf}(a) = \mathrm{erf}\left(\frac{t}{\sqrt{2}}\right) = 2 \int_0^t \frac{1}{\sqrt{2\pi}} \exp\left(-\frac{z^2}{2}\right) dz = 2I(t)$$

つまり

$$I(t) = \frac{1}{2} \mathrm{erf}\left(\frac{t}{\sqrt{2}}\right)$$

という対応関係となることがわかる。

Microsoft EXCEL の組み込み関数には ERF があり、ERF($a$) と入力すると erf($a$) の値が出力される。

ここで、$I(2)$ を求める場合、EXCEL において ERF($2/\sqrt{2}$) と入力すると 0.9545 と出力される。この 1/2 は 0.47725 であるが、$I(2) = 0.4772$ となり、かなり良い一致を示す。よって

$$I(2) = \frac{1}{2} \mathrm{erf}\left(\frac{2}{\sqrt{2}}\right)$$

となる。

第 2 章　正規分布とガウス関数

## 補遺 2-1　指数関数

## A2. 1.　指数関数の定義

　本補遺では、指数関数の中心的な存在である $e$ について紹介する。$e$ は、対数の発見者にちなんで**ネイピア数** (Napier number) と呼ばれたり、あるいはオイラーがこの記号を最初に使ったことから**オイラー数** (Euler number) と呼ばれることもある。**自然対数** (natural logarithm) **の底** (base) とも呼ばれる。

　$e$ は、$a^x$ を $x$ で**微分** (differentiation) したときに、その値が $a^x$ 自身になるように定義された値である。つまり、$e$ の定義は

$$\frac{da^x}{dx} = a^x$$

を満足する $a$ の値となる。これをより具体的に示すと

$$\frac{d\,a^x}{dx} = \lim_{\Delta x \to 0} \frac{a^{x+\Delta x} - a^x}{\Delta x}$$

lim の対象は

$$\frac{a^{x+\Delta x} - a^x}{\Delta x} = \frac{a^x(a^{\Delta x} - 1)}{\Delta x}$$

となるので、結局 $\Delta x \to 0$ のとき

$$\frac{a^x(a^{\Delta x} - 1)}{\Delta x} = a^x$$

を満足する値 $a$ が $e$ ということになる。よって、$\Delta x \to 0$ で

$$\frac{(e^{\Delta x} - 1)}{\Delta x} = 1$$

となる。これを $e$ について解くと

$$e^{\Delta x} = 1 + \Delta x$$

となるので、結局

$$e = \lim_{\Delta x \to 0}(1+\Delta x)^{\frac{1}{\Delta x}} = \lim_{d \to 0}(1+d)^{\frac{1}{d}}$$

となり、これが $e$ の数学的な定義となる。ここで $n=1/d$ と置き換えると

$$e = \lim_{n \to \infty}\left(1+\frac{1}{n}\right)^n$$

が得られる。実際に $n$ に数値を代入してみると

$$e_1 = (1+1)^1 = 2 \quad e_2 = \left(1+\frac{1}{2}\right)^2 = 2.25 \quad e_3 = \left(1+\frac{1}{3}\right)^3 = 2.370$$

……

$$e_\infty = 2.7182818.... = e$$

となって、$e$ は無理数となることがわかる。ただし、実際にこの方法で計算すると、なかなか収束しない。実際の計算は後程紹介する級数展開の方が楽である。ちなみに、$y=e^x$ のグラフを、$y=2.5^x$ および $y=3^x$ のグラフとともに図 A2-1 に示す。指数関数のグラフはちょうど、これらグラフの中間に位置する。

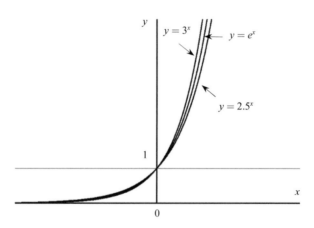

図 A2-1　$y=2.5^x$, $y=e^x$, $y=3^x$ のグラフ

ちなみに、$x=0$ での接線の傾き (slope of tangent): $dy/dx$ は、$y=2.5^x$ のグラフでは $<1$、$y=3^x$ のグラフでは $>1$ であり、$y=e^x$ でちょうど 1 になっている。ここで、確認の意味で指数関数

第 2 章　正規分布とガウス関数

$$y = e^x \quad \text{を } x \text{ で微分すると} \quad \frac{dy}{dx} = e^x$$

となって、微分したものがそれ自身になる。この性質が理工系分野へ大きな波及
効果を及ぼすことになる。その一例が級数展開である。


## A2. 2.　指数関数の級数展開


　一般に関数 $f(x)$ はつぎのような**べき級数展開** (expansion into power series) が
可能である。
$$f(x) = a_0 + a_1 x + a_2 x^2 + a_3 x^3 + a_4 x^4 + a_5 x^5 + ...$$
　これら**係数** (coefficients) は以下の方法で求められる。

　まず、この式に $x = 0$ を代入すれば、$x$ を含んだ項が消えるので、$f(0) = a_0$ と
なって、最初の**定数項** (constant term) が得られる。

　つぎに、$f(x)$ の微分をくり返しながら、$x = 0$ を代入していくと、それ以降の
係数が求められる。たとえば
$$f'(x) = a_1 + 2a_2 x + 3a_3 x^2 + 4a_4 x^3 + 5a_5 x^4 + ...$$
となるから、$x = 0$ を代入すれば $a_2$ 以降の項はすべて消えて、$a_1$ のみが得られ
る。同様にして
$$f''(x) = 2a_2 + 3 \cdot 2a_3 x + 4 \cdot 3a_4 x^2 + 5 \cdot 4a_5 x^3 + ...$$
$$f'''(x) = 3 \cdot 2a_3 + 4 \cdot 3 \cdot 2a_4 x + 5 \cdot 4 \cdot 3a_5 x^2 + ...$$
となり、$x = 0$ を代入すれば、定数項だけが順次残る仕組みである。よって

$$a_0 = f(0), \quad a_1 = f'(0), \quad a_2 = \frac{1}{1 \cdot 2} f''(0), ..., a_n = \frac{1}{n!} f^{(n)}(0)$$

と与えられ、まとめると

$$f(x) = f(0) + f'(0)x + \frac{1}{2!} f''(0) x^2 + \frac{1}{3!} f'''(0) x^3 + ... + \frac{1}{n!} f^{(n)}(0) x^n + ...$$

となる。これをまとめて書くと**一般式** (general form)

$$f(x) = \sum_{n=0}^{\infty} \frac{1}{n!} f^{(n)}(0) x^n$$

が得られる。この級数を**マクローリン級数** (Maclaurin series)、また、この級数展

開を**マクローリン展開** (Maclaurin expansion) と呼んでいる．同様にして

$$f(x-a) = f(a) + f'(a)x + \frac{1}{2!}f''(a)x^2 + \frac{1}{3!}f'''(a)x^3 + ... + \frac{1}{n!}f^{(n)}(a)x^n + ...$$

という展開を行うことができる．これは，点 $x=a$ のまわりの展開 (expansion about the point $x=a$) と呼び，**テーラー展開** (Taylor expansion) と呼んでいる．

級数展開としてはテーラー展開がより一般的であり，マクローリン展開は点 $x=0$ のまわりのテーラー展開の特殊ケースとみなすこともできる．

ここで指数関数の場合には，$n$ 階の導関数 ($n$th order derivative) が $f^{(n)}(x) = e^x$ と簡単であるから，$x=0$ を代入すると，すべて $f^{(n)}(0) = e^0 = 1$ となる．よって，$e$ の展開式は

$$e^x = 1 + x + \frac{1}{2!}x^2 + \frac{1}{3!}x^3 + \frac{1}{4!}x^4 + ... + \frac{1}{n!}x^n + ...$$

となる．この展開を利用して，$n$ が1から4項までをグラフにプロットしてみると，図 A2-2 に示したように，$e^x$ のグラフに漸近していく様子がわかる．

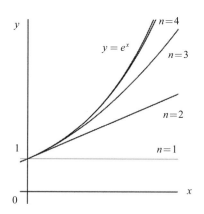

図 A2-2　$y = e^x$ の展開式の漸近の様子

つぎに展開式を $x$ で微分してみよう．すると

$$\frac{d(e^x)}{dx} = 0 + 1 + \frac{1}{2!}\cdot 2x + \frac{1}{3!}\cdot 3x^2 + \frac{1}{4!}\cdot 4x^3 + \frac{1}{5!}\cdot 5x^4 + ... + \frac{1}{n!}\cdot nx^{n-1} + ...$$

となり，右辺を整理すると

$$1 + x + \frac{1}{2!}x^2 + \frac{1}{3!}x^3 + \frac{1}{4!}x^4 + ... + \frac{1}{n!}x^n + ...$$

となって、それ自身に戻る。つまり

$$\frac{d(e^x)}{dx} = e^x$$

が確かめられる。

つぎに、$e^x$ の展開式を利用して $e$ の値を求めることもできる。

$e^x$ の展開式に $x = 1$ を代入すると

$$1 + \frac{1}{1!} + \frac{1}{2!} + ... + \frac{1}{n!} + ... = \sum_{n=0}^{\infty} \frac{1}{n!}$$

となり、階乗の逆数の和となるが、これを**階乗級数** (factorial series) と呼んでいる。具体的に数値を与えると

$$e = 1 + 1 + \frac{1}{2} + \frac{1}{6} + \frac{1}{24} + ...$$

となって、計算すると

$$e = 2.718281828.....$$

が得られる。

# 第3章　推測統計

　ある正規分布に属する集団の特徴を解析したいとしよう。このとき、正規分布の特徴は

$$N(\mu, V)$$

のように、平均 $\mu$ と分散 $V$ の、たった2個の変数によって特徴づけられる。実に簡単である。ただし、分散の代わりに標準偏差 $\sigma$ を使うことも多く、その際には

$$N(\mu, \sigma^2)$$

と表記する。このとき、$V = \sigma^2$ の関係にある。

　ただし、問題がある。集団に属するすべての成分を解析できれば問題ないのであるが、実際にそれは難しい。成分数はとてつもなく多いからである。

　それではどうすればよいか。このとき、この集団から**標本** (sample) と呼ばれるデータをいくつか抽出し、それを解析することでデータ全体の特徴である $\mu$ と $V (= \sigma^2)$ を推定する手法がとられる。

　このような統計手法を**推測統計** (statistical estimate/ statistical inference) と呼んでいる。また、解析しようとしているデータ全体を**母集団** (population) と呼ぶ。本章では、限られた数の標本データから、母集団の特性、つまり $\mu$ と $V (= \sigma^2)$ の値を信頼性をもって推測可能な統計手法について紹介する。

## 3.1.　母数と標本データ

　母平均が $\mu$ で、母分散が $V$ の正規分布に属する母集団

$$N(\mu, V)$$

から $n$ 個の標本を取り出すことを想定してみよう。

# 第 3 章　推測統計

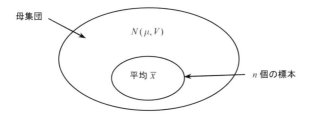

**図 3-1**　母集団と標本集団の構造。統計解析においては、母集団から有限の数 $n$ 個の標本データを集めて、母集団の平均や分散を推定する。これを推測統計と呼んでいる。

このとき、標本データの平均を**標本平均** (sample mean: $\bar{x}$ )

$$\bar{x} = \frac{x_1 + x_2 + ... + x_n}{n}$$

分散を**標本分散** (sample variance: $S^2$ )

$$S^2 = \frac{(x_1 - \bar{x})^2 + (x_2 - \bar{x})^2 + ... + (x_n - \bar{x})^2}{n}$$

と呼ぶ。これらは、標本データから実際に計算できる値である。

一方、われわれが欲しいのは母集団が有する特性であり、母集団の**母平均** (population mean: $\mu$ ) と**母分散** (population variance: $V$ ) が求めるべき値である。つまり、表 3-1 に示したように、標本を集めて得られる既知の値から、未知の母集団の値を推測するのである。

**表 3-1**　母数と標本データの対応

| 既知 | | 未知 | |
|---|---|---|---|
| 標本平均 | $\bar{x}$ | 母平均 | $\mu$ |
| 標本分散 | $S^2$ | 母分散 | $V = \sigma^2$ |

統計では、**標本標準偏差** (sample standard deviation: $S$ ) ならびに、**母標準偏差** (population standard deviation: $\sigma$ ) もよく登場する。ただし、標準偏差 $\sigma$ は分散 $V$ と $V = \sigma^2$ という関係にあるので、未知の母数は平均と分散の 2 個である。

それでは、標本データから母数を求めるには、どうすればよいのであろうか。

そのためには、正規分布に属する集団が有する**加法性** (additive property) を利用することになる。

## 3.2. 正規分布の加法性

いま考えている集団が $N(\mu, V)$ という正規分布に属しているものとしよう。この母集団から 2 個の標本を抽出して、そのデータの和で新たな分布をつくる。すると、当然、平均値は 2 倍の $2\mu$ となるはずである。

たとえば、正規分布ではないが、母集団 (2, 3, 4) から、2 個の標本を取り出して、その和で新たな集団をつくることを考えてみよう。すると (2, 3) (2, 4) (3, 4) の組合せがあり、それぞれの和は

$$(2+3, 2+4, 3+4) \quad \rightarrow \quad (5, 6, 7)$$

となる。

この 2 成分の和からなる新たな集団 (5, 6, 7) の平均は 6 で母集団の平均値 3 のちょうど 2 倍となっている。

ここで、同じ正規分布 $N(\mu, V)$ に従う集団から、2 個のデータを標本として取り出し、その和 $(x_1 + x_2)$ を成分とする新たな集団を考えよう。

すると、この集団は

$$N(\mu_2, V_2) = N(2\mu, 2V)$$

という正規分布に従うことが知られている。つまり分散 $V$ も 2 倍になる。これを、**正規分布の加法性** (additive property of normal distribution) と呼んでおり

$$N(\mu, V) + N(\mu, V) \rightarrow N(2\mu, 2V)$$

という関係にある。

それでは、正規分布 $N(\mu, V)$ に従う集団から 3 個の標本を取り出して、その和 $(x_1 + x_2 + x_3)$ を成分とする新たな集団をつくったらどうなるであろうか。

この場合、2 個取り出した和の分布 $(x_1 + x_2)$ に、さらに $x_3$ を 1 個足せばよいので

$$N(2\mu, 2V) + N(\mu, V) \rightarrow N(2\mu + \mu, 2V + V)$$
$$\rightarrow N(3\mu, 3V)$$

となる。よって、正規分布 $N(\mu, V)$ に従う集団から 3 個の標本を取り出して、その和を成分とする新たな集団は

$$N(3\mu, 3V)$$

という正規分布に従うことを示している。

よって、もし $n$ 個の標本を取り出して、その和 $(x_1 + x_2 + ... + x_n)$ で集団をつくったら

$$N(n\mu, nV)$$

という正規分布に従うことになる。

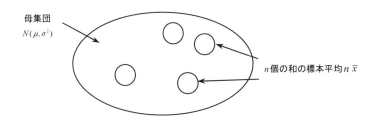

**図 3-2** 正規分布 $N(\mu, V)$ に従う母集団から、$n$ 個の成分を取り出し、その和を成分とする新たな集団をつくると、この集団は $N(n\mu, nV)$ という正規分布に従う。

実は、この加法性は、平均と分散の異なるふたつの正規分布集団に対しても成立することが知られており

$$N(\mu_a, V_a) + N(\mu_b, V_b) \rightarrow N(\mu_a + \mu_b, V_a + V_b)$$

という関係が成立する[6]。

---

**演習** 3-1　全国模擬試験において、数学と国語の全生徒の得点が正規分布に従うとする。この試験における平均点と標準偏差が、数学ではそれぞれ 55 点と 15 点、国語では 60 点と 10 点であった。このとき、これら 2 科目の合計点が従う分布を考えよ。

**解）**　これら教科の得点分布は、それぞれ

---

[6] 正規分布の加法性に関する証明は、第 12 章で 2 変数の確率分布という考えを導入したあとで、あらためて行う。

$$N(55, 15^2) \quad および \quad N(60, 10^2)$$

の正規分布に従う。

すると、正規分布の加法性から、これら 2 科目の合計点も正規分布に従い、その平均点は

$$\mu = 55 + 60 = 115$$

となり、その分散は

$$V = 15^2 + 10^2 = 325 = \sigma^2$$

となる。

つまり数学と国語の合計点は

$$N(115, 325)$$

という平均が 115、分散が 325 の正規分布に従うことになる。

---

さて、われわれが求めようとしているのは、標本の和ではなく、標本平均 $\bar{x}$

$$\bar{x} = \frac{x_1 + x_2 + ... + x_n}{n} = \frac{\displaystyle\sum_{i=1}^{n} x_i}{n}$$

の分布である。

そして、それが、母集団の平均つまり母平均 $\mu$ とどのような関係にあるかを導出することにある。それを、つぎに考えてみよう。

### 3.3. 標本標準偏差

実は、母集団から抽出した $n$ 個の標本の標本平均は母集団と同じであるが、その標準偏差は小さくなる。これを確かめてみよう。

標本 2 個の和 ($x_1 + x_2$) からなる集合が従う正規分布は

$$N(2\mu, 2\sigma^2)$$

であった。それでは、2 個のデータの平均 $\bar{x}$

$$\bar{x} = \frac{x_1 + x_2}{2}$$

第 3 章　推測統計

の分布はどうなるであろうか。まず、平均は $\mu$ となる。問題は分散である。2 個の標本の和の分散 $V(2)$ の成分は

$$V(2) = \left\{ (x_1 + x_2) - 2\mu \right\}^2$$

となるが、2 個の標本平均の分散 $V_2$ の成分は

$$V_2 = \left( \frac{x_1 + x_2}{2} - \mu \right)^2$$

となるので

$$V_2 = \left( \frac{x_1 + x_2}{2} - \mu \right)^2 = \left( \frac{x_1 + x_2 - 2\mu}{2} \right)^2 = \frac{(x_1 + x_2 - 2\mu)^2}{4}$$

となり、標本平均の分散 $V_2$ は 2 個の標本の和の分散 $V(2)$ の 1/4 となる。よって

$$V(2) = 2\sigma^2 \qquad \text{から} \qquad V_2 = \frac{V(2)}{4} = \frac{2\sigma^2}{4} = \frac{\sigma^2}{2}$$

となり、標準偏差は

$$S_2 = \sqrt{V_2} = \sqrt{\frac{\sigma^2}{2}} = \frac{\sigma}{\sqrt{2}}$$

となる。

　このように、標本平均の分散と標準偏差は母集団の値より小さくなるのである。これが 3 個の成分の標本平均の分布の場合は

$$V_3 = \frac{\sigma^2}{3} \qquad S_3 = \frac{\sigma}{\sqrt{3}}$$

のように、さらに小さくなる。

　そして、$n$ 個の標本平均

$$\overline{x} = \frac{x_1 + x_2 + ... + x_n}{n}$$

では、分散と標準偏差は

$$V_n = \frac{\sigma^2}{n} \qquad S_n = \frac{\sigma}{\sqrt{n}}$$

となる。

63

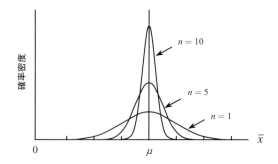

**図 3-3** 正規分布から $n$ 個の成分を取り出し、標本平均 $\bar{x}$ を求めると、図のように、$\bar{x}$ は $\mu$ の周りで正規分布するが、成分数が増えるほど、その分散は小さくなっていく。

つまり、標本数が増えるにしたがって、図 3-3 に示すように標本平均の標準偏差は母集団の値 $\sigma$ よりもどんどん小さくなっていくのである。

そして、$n$ 個の標本平均 $\bar{x}$ は

$$\bar{x} \sim N\left(\mu, \left(\frac{\sigma}{\sqrt{n}}\right)^2\right)$$

という正規分布に従うことがわかる。

たとえば、母集団の標準偏差を $\sigma = 3$ とすれば、100 個のデータを集めて、標本平均を求めれば、その分布の標準偏差は 0.3 ということになる。

正確ではないが簡単な例で確かめてみよう。いま母集団として

$$(2, 3, 4)$$

という 3 個のデータからなるグループを考える。

すると、母集団の平均と標準偏差を計算すると、平均は

$$\mu = \frac{2+3+4}{3} = 3$$

であり、標準偏差は

$$\sigma = \sqrt{\frac{(2-3)^2 + (3-3)^2 + (4-3)^2}{3}} = \sqrt{\frac{2}{3}} \cong 0.816$$

第 3 章 推測統計

となる。

つぎに、母集団から、2 個のデータを標本として選ぶと、標本データとして考えられるのは

$$(2, 3) \quad (3, 4) \quad (2, 4)$$

の 3 種類である。

これら標本データの平均を調べてみよう。すると

$$\overline{x}_1 = 2.5, \quad \overline{x}_2 = 3, \quad \overline{x}_3 = 3.5$$

となる。標本平均で、あらたなグループをつくると

$$(2.5, 3, 3.5)$$

という集団ができる。

---

**演習** 3-2 標本平均で、新たな集団をつくったとき、その平均値と標準偏差を求めよ。

---

**解**） 平均値は

$$\overline{x} = \frac{2.5 + 3 + 3.5}{3} = 3$$

標準偏差は

$$S = \sqrt{\frac{(2.5-3)^2 + (3-3)^2 + (3.5-3)^2}{3}} = \sqrt{\frac{0.5}{3}} \cong 0.408$$

となる。

---

このように、標本平均 $\overline{x}$ からなる集団の平均は母集団と同じになるが、標準偏差は 0.408 となり、もとの母集団の標準偏差 0.816 より小さくなるのである。

## 3.4. 母平均の区間推定

それでは、標本平均 $\overline{x}$ をもとに、母平均 $\mu$ を推定する方法を考えていこう。ここでは、まずは正規分布の 68－95－99.7 則を利用してみよう。

復習すると、正規分布の場合

$\mu \pm \sigma$ の範囲（$1\sigma$ 区間）には 　　　全体の 68%

$\mu \pm 2\sigma$ の範囲（$2\sigma$ 区間）には 　　　全体の 95%

$\mu \pm 3\sigma$ の範囲（$3\sigma$ 区間）には 　　　全体の 99.7%

のデータが存在するという特徴がある。これが $68-95-99.7$ 則であった[7]。

ここで、100 個の標本の平均値が仮に $\bar{x}=10$ であったとしよう。

母集団の標準偏差が $\sigma=3$ とすれば、100 個の標本では、標準偏差は

$$S_{100} = \frac{\sigma}{\sqrt{n}} = \frac{3}{\sqrt{100}} = 0.3$$

となる。別な視点で見れば

「標本平均 $\bar{x}$ は、標準偏差 $S_{100}=0.3$ で、母平均 $\mu$ のまわりに分布している」

と言えるのである。

これを言い換えると

$\mu \pm S_{100} = \mu \pm 0.3$ の範囲に標本平均 $\bar{x}=10$ が存在する確率は 0.68

　　　すなわち　　$\mu - 0.3 \leq \bar{x} = 10 \leq \mu + 0.3$ 　　となる確率は 0.68

$\mu \pm 2S_{100} = \mu \pm 0.6$ の範囲に標本平均 $\bar{x}=10$ が存在する確率は 0.95

　　　すなわち　　$\mu - 0.6 \leq \bar{x} = 10 \leq \mu + 0.6$ 　　となる確率は 0.95

$\mu \pm 3S_{100} = \mu \pm 0.9$ の範囲に標本平均 $\bar{x}=10$ が存在する確率は 0.997

　　　すなわち　　$\mu - 0.9 \leq \bar{x} = 10 \leq \mu + 0.9$ 　　となる確率は 0.997

となる。

図示すると、図 3-4 のようになる。

ここで、われわれが求めたいのは母集団の平均 $\mu$ の範囲である。いま、0.68 の確率で標本平均が存在する範囲が

$$\mu - 0.3 \leq \bar{x} = 10 \leq \mu + 0.3$$

であるから

$$\mu \leq (\bar{x} = 10) + 0.3 \qquad (\bar{x} = 10) - 0.3 \leq \mu$$

という 2 個の不等式に分けて、あらためて整理し直すと、$\mu$ の範囲は

$$10 - 0.3 \leq \mu \leq 10 + 0.3$$

と与えられる。

---

[7] ただし、厳密には、$2s$ 区間は 95.4%であるが、本章では 95%としていることに注意されたい。

第 3 章　推測統計

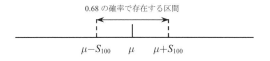

図 3-4　標本平均 $\bar{x}$ が 0.68, 0.95, 0.997 の確率で存在する範囲

結局、母平均 $\mu$ が
  $10 \pm 0.3$　つまり　9.7〜10.3 の範囲にある確率は 0.68
  $10 \pm 0.6$　つまり　9.4〜10.6 の範囲にある確率は 0.95
  $10 \pm 0.9$　つまり　9.1〜10.9 の範囲にある確率は 0.997
ということが言える。統計学では、確率の代わりに、**信頼水準** (confidence level) という用語を使って
  「9.4〜10.6 の範囲にある信頼水準は 95% である」
という表現をする。区間の範囲を拡げれば、信頼水準は向上するが、推定の精度は落ちていくことになる。

以上のように、統計手法を用いることで、母平均そのものの値 $\mu$ を求めることはできないが、$\mu$ がある区間にどの程度の確率で存在するかということを推定できるのである。

あるいは、「母平均 $\mu$ の 95% の**信頼区間** (confidence interval) は 9.4〜10.6 である」と言うこともできる。

また、このように、区間を定めて、その信頼水準を示す手法を統計学では、**区間推定** (interval estimation) と呼んでいる。

**演習 3-3** 標準偏差が $\sigma = 6$ の正規母集団から 81 個の標本を取り出したところ、その平均が $\bar{x} = 15$ であった。このとき、母平均 $\mu$ が存在する範囲を 95% の信頼水準で求めよ。

**解)** 標準偏差 $\sigma = 6$ の正規母集団から 81 個の標本を取り出したとき、その標本平均の分布の標準偏差 $S_{81}$ は

$$S_{81} = \frac{\sigma}{\sqrt{n}} = \frac{6}{\sqrt{81}} = \frac{6}{9} \cong 0.67$$

となる。つまり、標本平均は、これだけの幅で母平均 $\mu$ のまわりに分布していることになる。ここで、正規分布の性質から

$$\mu - 2S_{81} \leq \bar{x} \leq \mu + 2S_{81}$$

の範囲には、95% の成分が含まれる。

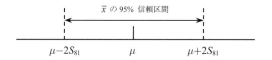

ここで

$$\mu - 2S_{81} \leq \bar{x} \qquad \bar{x} \leq \mu + 2S_{81}$$

から

$$\mu \leq \bar{x} + 2S_{81} \qquad \bar{x} - 2S_{81} \leq \mu$$

となるので、95% の確率で、母平均 $\mu$ が存在する範囲は

$$\bar{x} - 2S_{81} \leq \mu \leq \bar{x} + 2S_{81}$$

となる。$2S_{81} = 1.34$ であるから

$$15 - 1.34 \leq \mu \leq 15 + 1.34$$

よって、母平均が 95% の確率で存在する範囲は

$$13.66 \leq \mu \leq 16.34$$

となる。

上の例では「母平均 $\mu$ の 95% **信頼区間** (confidence interval) は 13.66～16.34 である」と言うことができる。

## 3.5. 信頼区間の設定

ところで、信頼水準は 68%, 95%, 99.7% と限定する必要はない。ケースバイケースで自由に選ぶことが可能である。

ここでは、下図のように、$R$% の信頼区間を与える範囲のしきい値 $D$ を求める方法を考えてみよう。

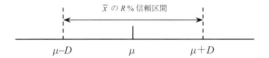

このとき、標本平均 $\bar{x}$ の標準偏差を $S$ とすれば、$D = S$ ならば $R = 68$、$D = 2S$ ならば、$R = 95$、$D = 3S$ ならば $R = 99.7$ となるのであった。

実は、$D = aS$ とすれば、任意の $R$ に対して $a$ の値を決めることができる。たとえば、$R = 90$ つまり、90% 信頼区間に対応した $a$ は 1.606 となる。

ここで、標本平均 $\bar{x}$ が属する正規分布 $N(\mu, \sigma^2)$ は

$$z = \frac{\bar{x} - \mu}{S}$$

という変数変換によって、標準正規分布 $N(0, 1)$ に変換することができる。このとき、$R$ と $a$ には

$$\int_{-a}^{a} \frac{1}{\sqrt{2\pi}} \exp\left(\frac{-z^2}{2}\right) dz = \frac{R}{100}$$

という関係が成立する。$R = 90$ のとき、右辺は 0.9 となり、$a = 1.606$ となる。$R$ と $a$ の対応は、正規分布表からすぐに求められ、一部を抜粋すると表 3-2 のようになる。ただし、厳密には、$a = 2$ に対応した $R/100$ は 0.954 となる。

表 3-2　正規分布表から得られる $R$ と $a$ の対応表

| $R/100$ | 0.68 | 0.8 | 0.9 | 0.95 |
|---|---|---|---|---|
| $a$ | 1 | 1.285 | 1.606 | 2 |

　もちろん、前章で紹介したように、Microsoft EXCEL の組み込み関数を使っても、$R$ と $a$ の値を求めることが可能である。

---

**演習 3-4**　標準偏差が $\sigma = 3$ の正規分布に従う集団から 10 個の標本データを採取して、平均を求めたところ $\bar{x} = 6$ であった。このとき、母平均 $\mu$ を 90 % の信頼区間で推定せよ。

---

　**解）**　正規分布の標準偏差は $\sigma = 3$ であるから、$n = 10$ 個の標本平均の標準偏差 $S$ は

$$S = \frac{\sigma}{\sqrt{10}} \cong \frac{3}{3.16} \cong 0.95$$

となる。ここで、標準正規分布 $N(0, 1)$ に従う変数は

$$z = \frac{\bar{x} - \mu}{S} = \frac{6 - \mu}{0.95}$$

となる。90% 信頼区間を与える $z$ のしきい値は

$$\int_{-z}^{z} \frac{1}{\sqrt{2\pi}} \exp\left(\frac{-z^2}{2}\right) dz = 0.9$$

から $z = 1.606$ となる。したがって 90% の信頼区間

$$-1.606 \leq z \leq 1.606$$

となるが、$z = \dfrac{6 - \mu}{0.95}$ より

$$-1.526 \leq 6 - \mu \leq 1.526$$

となり、$\mu$ の 90% 信頼区間は

$$4.474 \leq \mu \leq 7.526$$

と与えられる。

第 3 章　推測統計

このように、標本平均をもとに、任意の信頼水準に対応した母平均の信頼区間を得ることができる。

## 3.6.　標本分散と母分散

標本平均という手がかりをもとに、母平均を推定する手法を前節で紹介したが、実は、この方法には問題がある。それは、母集団の平均値 $\mu$ だけではなく、その標準偏差 $\sigma$ も標本データからはわからないという事実である。よって標本の標準偏差 $S_x$ から、母集団の標準偏差 $\sigma$ を推定する必要がある。

簡単なのは、標本の値 $S_x$ を $\sigma$ の推定値とすることであるが、それでよいのであろうか。それを確かめてみよう。

標本分散 $S_x{}^2$ は

$$S_x{}^2 = \frac{(x_1 - \overline{x})^2 + (x_2 - \overline{x})^2 + (x_3 - \overline{x})^2 + ... + (x_n - \overline{x})^2}{n}$$

と与えられるが、母集団の分散 $\sigma^2$ は母平均を $\mu$ として

$$\sigma^2 = \frac{(x_1 - \mu)^2 + (x_2 - \mu)^2 + (x_3 - \mu)^2 + ... + (x_n - \mu)^2}{n}$$

と与えられる。

---

**演習** 3-5　母分散 $\sigma^2$ と標本分散 $S_x{}^2$ の差を求めよ。

---

**解）**　母分散をつぎのように変形する。

$$\sigma^2 = \frac{(x_1 - \overline{x} + \overline{x} - \mu)^2 + (x_2 - \overline{x} + \overline{x} - \mu)^2 + ... + (x_n - \overline{x} + \overline{x} - \mu)^2}{n}$$

すると

$$\sigma^2 = \frac{(x_1 - \overline{x})^2 + ... + (x_n - \overline{x})^2}{n} + \frac{2(x_1 - \overline{x}) + ... + 2(x_n - \overline{x})}{n}(\overline{x} - \mu) + (\overline{x} - \mu)^2$$

とさらに変形できる。

ここで、右辺の第 1 項は、まさに標本分散 $S_x{}^2$ そのものである。

第 2 項は

$$2(x_1 - \overline{x}) + ... + 2(x_n - \overline{x}) = 2(x_1 + x_2 + ... + x_n - n\overline{x}) = 0$$

であるから0となる。結局

$$\sigma^2 - S_x^2 = (\overline{x} - \mu)^2$$

となる。

---

このように標本分散 $S_x^2$ は母分散 $\sigma^2$ よりも $(\overline{x} - \mu)^2$ だけ小さいのである。ここで、$(\overline{x} - \mu)^2$ は、標本平均と母平均との差の平方であるが、これは標本平均の母平均のまわりの分散に相当する。前節で求めたように、標本数が $n$ 個のとき、これは $\sigma^2/n$ であった。よって

$$\sigma^2 = S_x^2 + \frac{\sigma^2}{n}$$

となる。したがって、$n$ 個の標本データから求めた分散は

$$\sigma^2 = \frac{n}{n-1} S_x^2$$

のように補正すればよいことがわかる。

実は、いままで紹介してこなかったが、標本平均の方は、母平均の不偏推定値として使うことができる。これは、少し考えれば当たり前で、母集団から、作為なく抽出したデータであれば、その平均は母平均を中心に分布するからである。

ここで、不偏推定値の**不偏** (un-biased) という用語について考えてみよう。まず、標本分散 $S_x^2$ が母分散 $\sigma^2$ の不偏推定値として使えない理由は、それは必ず、母分散よりも小さくなるからである。つまり、不偏ではなく、偏りがあることが明らかであり、不偏推定値として使えないのである。

つぎに、平均の方を考えてみよう。こちらの場合は、標本が無作為に抽出されたものでは、その値は母平均よりも大きいかもしれないし、小さいかもしれない。その偏りの度合いは、どちらにも同程度である。よって（偏りのない）不偏推定値として使えることになる。

それでは、標準偏差の不偏推定値はどうであろうか。実は $\sigma^2$ は母分散の不偏推定値となるが、不思議なことに

$$\sigma = \sqrt{\frac{n}{n-1}} S_x$$

は、不偏推定値とはならないのである。

第 3 章　推測統計

実用上は、標本数が多い場合には、この値を母集団の標準偏差として使って問題ないが、その不偏推定値に関しては、**期待値** (expectation value) という考えを導入し、さらに $\chi^2$ 分布の数学的背景を紹介したあとで、第 7 章において、あらためて説明したい。

## 3.7.　母分散の不偏推定値

前節で示したように、標本分散 $S_x^2$ は母分散の不偏推定値 $\sigma^2$ として、そのまま使うことは適切ではなく、標本数を $n$ としたとき

$$\sigma^2 = \frac{n}{n-1} S_x^{\ 2}$$

という修正が必要となる。また、不偏推定値ではないが、母標準偏差として

$$\sigma = \sqrt{\frac{n}{n-1}}\ S_x$$

を使用する。

---

**演習 3-6**　ある工場の製品から 3 個の標本を取り出して測定した寸法データの平均と分散が、$\bar{x} = 15$，$S_x^{\ 2} = 2/3$ と与えられるとき、その分布を与える式を求めよ。

---

**解）**　母集団の標準偏差を $\sigma$ とおくと、確率密度関数は

$$f(x) = \frac{1}{\sqrt{2\pi}\,\sigma} \exp\left( -\frac{(x-\mu)^2}{2\sigma^2} \right)$$

と与えられる。母分散の不偏推定値は

$$\sigma^2 = \frac{n}{n-1} S_x^{\ 2} = \frac{3}{2}\frac{2}{3} = 1$$

となるので、母数として $\sigma = 1$ を採用すると、確率密度関数は

$$f(x) = \frac{1}{\sqrt{2\pi}} \exp\left( -\frac{(x-15)^2}{2} \right)$$

となる。

まったく同じ問題を、前章の演習 2-1 として取り扱っている。その際、標本分散 $S_x{}^2$ をそのまま母分散 $\sigma^2$ として確率密度関数を求めているが、実際には、本演習のように、不偏推定値を使う必要がある。つまり、標本数を $n$ としたとき、$n/n-1$ が補正項としてつくことになる。

---

**演習 3-7**　ある工場の製品から 2 個の標本を抜き出し、寸法データを測定したところ cm 単位で $(14, 16)$ であった。このとき、製品寸法の分布を与える式を求めよ。

---

**解**）　製品寸法が正規分布に従うものと仮定する。まず、寸法の平均は

$$\bar{x} = \frac{14 + 16}{2} = 15$$

となる。つぎに、標本分散は

$$S_x{}^2 = \frac{(14-15)^2 + (16-15)^2}{2} = 1$$

であるから、母分散の不偏推定値は

$$\sigma^2 = \frac{n}{n-1} S_x{}^2 = \frac{2}{2-1} \cdot 1 = 2$$

よって、$\sigma = \sqrt{2}$ とすると、確率密度関数

$$f(x) = \frac{1}{\sqrt{2\pi}\,\sigma} \exp\left( -\frac{(x-\mu)^2}{2\sigma^2} \right)$$

は

$$f(x) = \frac{1}{2\sqrt{\pi}} \exp\left( -\frac{(x-15)^2}{4} \right)$$

となる。

---

　これが、前章の演習 2-2 の問題に対する修正解答である。統計の知識を加えることで、母集団の特性を、より正しく推測することができるようになるのである。

*74*

第 3 章 推測統計

## 3.8. 母平均の推定－正規分布

それでは、いよいよ、標本から得られた平均をもとに、母平均を、定量的な信頼水準のもとに推定する手法を見ていこう。

その場合も、正規分布が有する特徴を利用する。まず、つぎのような変数 $t$ を考える。

$$t = \frac{\overline{x} - \mu}{\sigma/\sqrt{n}} = \sqrt{n}\,\frac{\overline{x} - \mu}{\sigma}$$

この変数 $t$ は標準正規分布 $N(0,1)$ に従う。この式には、標本平均 $\overline{x}$ と母平均 $\mu$ が入っているので、両者の関係が得られる。ただし、このままでは、未知の母標準偏差 $\sigma$ が入っている。そこで

$$\sigma = \sqrt{\frac{n}{n-1}}\,S_x$$

という関係を使えば、データとして得られる標本標準偏差 $S_x$ から、$\sigma$ の値が得られる。すると、変数 $t$ は

$$t = \frac{\overline{x} - \mu}{\dfrac{\sigma}{\sqrt{n}}} = \frac{\overline{x} - \mu}{\dfrac{1}{\sqrt{n}}\sqrt{\dfrac{n}{n-1}}S_x} = \frac{\overline{x} - \mu}{\dfrac{S_x}{\sqrt{n-1}}} = \sqrt{n-1}\,\frac{\overline{x} - \mu}{S_x}$$

となり、標本平均 $\overline{x}$ と、標本標準偏差 $S_x$ という入手可能なデータと、母平均 $\mu$ の式となる。この変数 $t$ が標準正規分布の横軸のどの位置にあるかという解析から、$\mu$ の推定が可能となるのである。

---

**演習 3-8** 正規分布に従う集団から $n=10$ 個のデータを採取して、平均を求めたところ $\overline{x}=6$ であった。このデータの標準偏差が $S_x=3$ と与えられるとき、母平均 $\mu$ を 90% の信頼区間で推定せよ。

---

**解）** $n=10$ の標本の平均 $\overline{x}=6$、標準偏差 $S_x=3$ であるから、標準正規分布 $N(0,1)$ にしたがう変数 $t$ は

$$t = \sqrt{n-1}\,\frac{\overline{x} - \mu}{S_x} = \sqrt{9}\,\frac{6-\mu}{3} = 6-\mu$$

となる。つぎに 90% の信頼区間の境界を与える $t$ は

75

$$\int_{-t}^{t} \frac{1}{\sqrt{2\pi}} \exp\left(-\frac{z^2}{2}\right) dz = 0.9$$

を満足する。よって

$$I(t) = \int_{0}^{t} \frac{1}{\sqrt{2\pi}} \exp\left(-\frac{z^2}{2}\right) dz = 0.45$$

から $t = 1.606$ と与えられるので、90% の信頼区間は

$$-1.606 \leq t \leq 1.606$$

となる。したがって

$$-1.606 \leq 6 - \mu \leq 1.606$$

から、母平均 $\mu$ の 90% 信頼区間は

$$4.394 \leq \mu \leq 7.606$$

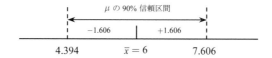

となる。

---

つまり、90% の信頼水準で母平均 $\mu$ は、4.394 から 7.606 の範囲に存在すると推測することができる。ただし、標本数が 10 個程度では、推測範囲にかなり幅がある。そこで、標本数を増やして $n = 82$ 個としたら、どうなるだろうか。平均と標準偏差が同じとすると

$$t = \sqrt{n-1}\, \frac{\overline{x} - \mu}{S_x} = \sqrt{81}\, \frac{6 - \mu}{3} = 3(6 - \mu)$$

となり、90% の信頼区間は

$$-1.606 \leq t \leq 1.606 \qquad -1.606 \leq 3(6-\mu) \leq 1.606$$

から

$$5.465 \leq \mu \leq 6.535$$

となり、推測範囲をかなり狭めることができる。このように、標本の数 $n$ を増やせば、母平均の推定の精度を高めることができるのである。

第3章　推測統計

## 3.9.　母平均の推定－ $t$ 分布

確率変数 $t$

$$t = \frac{\overline{x} - \mu}{S_x / \sqrt{n-1}} = \sqrt{n-1}\,\frac{\overline{x} - \mu}{S_x}$$

は、標本数 $n$ が多い場合には、標準正規分布 $N(0, 1)$ に従うので、前節の手法が
適用できる。ただし、標本数が少ないと正規分布からずれることが知られている
ので補正が必要となる。

### 3.9.1.　$t$ 分布

それでは、標本数が少ない場合、標本平均はどのような確率分布に従うのであ
ろうか。それは、**スチューデントの $t$ 分布** (Student $t$ distribution) と呼ばれる分布
である[8]。単に $t$ 分布とも呼ばれている。確率密度関数も含めて、$t$ 分布の数学的
な取り扱いは第 6 章で紹介することにし、本章では $t$ 分布の利用方法を紹介す
る。

まず、$t$ 分布は、正規分布によく似ているが、標本数によって分布のかたちが
変化する。このため、標本数ごとに分布表がつくられている。ただし、統計では、
標本数ではなく**自由度** (degrees of freedom) という指標を使うのが一般的である。
自由度は、ギリシャ文字の $f$ (freedom の頭文字) に相当する $\phi$ で表記される。
$t$ 分布では $\phi = n-1$ が自由度である。

$t$ 分布の自由度が $n-1$ となるのは、$n$ 個のデータで平均を計算しているので

$$\overline{x} = \frac{x_1 + x_2 + \ldots + x_n}{n}$$

となるが、平均 $\overline{x}$ がわかっているとすれば、$x_1$ から $x_{n-1}$ の $n-1$ 個のデータがあ
れば、残り 1 個のデータ $x_n$ の値は自動的に決まってしまうからである。ここで、
図 3-5 に自由度が 1 と 10 と 100 の場合の $t$ 分布の形状を示す。

---

[8] Student は、$t$ 分布を研究したゴセット (William S. Gosset) が論文執筆時に用いたペンネ
ームが由来である。$t$ 分布の確率密度関数を含めた数学的取り扱いについては、第 6 章で
行う。

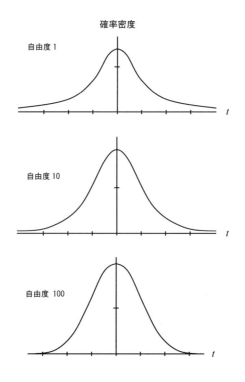

図3-5 自由度の変化による$t$分布形状の変化

　それぞれ、2個の標本、11個の標本、101個の標本の平均の分布に対応しており、自由度によって$t$分布の形状は変化する。そして、自由度が大きくなると、正規分布に近づいていく。この図において、自由度が100では、ほぼ正規分布に近い分布が得られている。一般には、標本数が30を超えれば、正規分布で近似してよいとされている。

　このように、標本数が少ない場合の標本平均の$t$分布は、自由度に依存してかたちが変わるので、信頼区間の計算をする場合に、自由度ごとに範囲が変化することになる。

　このため、その分布表の数値も自由度ごとに表示する必要がある。この分布表では図3-6に示すように、分布のすそ (tail) の面積が、つまり、確率がある値になる数値を表示するのが一般的である。ここでは、例として、右すそ面積$a$となる数値の$t(a)$に対応している。つまり、残りの面積（つまり累積確率）は$1-a$

となる。

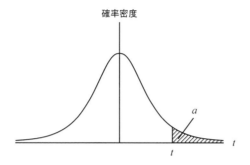

図 3-6　$t$ 分布表に載っている数値は、確率分布の右すその面積と $t$ の値

### 3. 9. 2.　$t$ 分布による区間推定

ここで、$t$ 分布において 90% の信頼区間を得たいとしよう。その場合には右すその面積が 5%、つまり 0.05 となる点の $t$ ($a = 0.05$) の値がわかればよい。すると、$t$ 分布は左右対称であるから $-t$ から $t$ の範囲が 90% 信頼区間となる。

表 3-3 に示した自由度 $\phi = 10$ の $t$ 分布表から、$a = 0.05$ を与える点は、$t = 1.812$ とわかる。

表 3-3　自由度 $\phi = 10$ の $t$ 分布表

| $a$ | 0.25 | 0.1 | 0.05 | 0.01 |
|---|---|---|---|---|
| $t$ | 0.7 | 1.372 | 1.812 | 2.764 |

このように、$t$ 分布表があれば、自由度と右すそ面積が $a$ になる点の $t$ の値がわかる。かつては、$t$ 分布表を頼りに、統計解析を行っていた。

しかし、いまでは、Microsoft EXCEL の組み込み関数を使えば、$t$ の値が簡単

に得られるようになっている。具体的には、T.INV (累積確率, 自由度) という関数を使えばよく T.INV (0.95, 10) = 1.812 と出力される。累積確率を 0.95 としているのは、右すそ面積が 0.05 となる点に相当するからである。また、累積確率のところに、0.05 を入力すれば T.INV (0.05, 10) = −1.812 と出力される。これは、$t$ 分布が左右対称となるからである。

---

**演習** 3-9　正規分布に従う集団から $n = 10$ 個のデータを採取して、平均を求めたところ $\bar{x} = 6$ であった。このデータの標準偏差が $S_x = 3$ と与えられるとき、母平均 $\mu$ を 90% の信頼区間で $t$ 分布を利用して推定せよ。

---

**解**)　$n = 10$ であるから自由度 $\phi = n - 1 = 9$ の $t$ 分布を利用する。

累積確率が 0.05 と 0.95 となる点は

$$\text{T.INV } (0.05, 9) = -1.833 \qquad \text{T.INV } (0.95, 9) = 1.833$$

と与えられる。

よって、90% 信頼区間は

$$-1.833 \leq t \leq 1.833$$

となるが、変数 $t$ は、母平均 $\mu$ とは

$$t = \sqrt{n-1}\,\frac{\bar{x} - \mu}{S_x} = \sqrt{9}\,\frac{6 - \mu}{3} = 6 - \mu$$

という関係にあったので

$$-1.833 \leq 6 - \mu \leq 1.833$$

から、母平均 $\mu$ の 90% 信頼区間は

$$4.167 \leq \mu \leq 7.833$$

となる。

---

演習 3-8 において、正規分布を仮定して推測した場合の母平均 $\mu$ の 90% 信頼区間が

$$4.394 \leq \mu \leq 7.606$$

であったので、明らかに、$t$ 分布を仮定したときの母平均の区間推定の範囲が広がっていることがわかる。このように、標本数が少ない場合には、$t$ 分布を利用することが必須となる。

*80*

第3章　推測統計

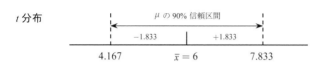

図 3-7　正規分布ならびに $t$ 分布を仮定した場合の 90% 信頼区間の比較。標本数が少ないときに正規分布を仮定すると信頼区間を過剰に狭めてしまうので判断を誤る可能性がある。

そこで、標本数を増やして $n=82$ 個の場合にはどうなるだろうか。まず、この場合は、自由度が $\phi=82-1=81$ の $t$ 分布に従う。

このとき、累積確率が 0.05 ならびに 0.95 となる値は

$$\text{T.INV}(0.05, 81) = -1.664 \qquad \text{T.INV}(0.95, 81) = 1.664$$

から

$$-1.664 \leq t \leq 1.664$$

となる。ここで、$t$ は、母平均 $\mu$ と

$$t = \sqrt{n-1}\,\frac{\bar{x}-\mu}{S_x} = \sqrt{81}\,\frac{6-\mu}{3} = 3(6-\mu)$$

という関係にあるから

$$-1.664 \leq 18 - 3\mu \leq 1.664$$

なり、母平均 $\mu$ の 90% 信頼区間は

$$5.445 \leq \mu \leq 6.555$$

となる。

ちなみに、正規分布を仮定したときの、同じ信頼区間を与える $t$ の値は $t=1.606$ であった。よって、$t$ 分布において、標本数が 10 から 82 へと増えれば、区間のしきい値が $t=1.833$ から $t=1.664$ へと減少するので、確かに、正規分布に近づいていくことがわかる。

*81*

## 3.10. $\chi^2$分布と分散

母分散の不偏推定値として

$$\sigma^2 = \frac{n}{n-1} S_x^{\ 2}$$

という値を採用しているが、本来、統計学的な解析では、この値がどの程度信頼できるのかを判定することも必要となる。

### 3.10.1. 分散が従う確率分布

つまり、母平均と同じように母分散の区間推定ができなければ統計的手法としては不十分である。それでは、分散はどのような確率分布に従うのだろうか。それは、$\chi^2$ 分布 (chi square distribution) と呼ばれる分布である。$\chi^2$は日本語では**カイ2乗**と発音する。

まず、標本分散は

$$V_x = S_x^{\ 2} = \frac{(x_1 - \overline{x})^2 + (x_2 - \overline{x})^2 + \ldots + (x_n - \overline{x})^2}{n} = \sum_{i=1}^{n} \frac{(x_i - \overline{x})^2}{n}$$

と与えられる。このように、分散は正の値しかとらない。また、標本数 $n$ にも依存する。

そして、母分散 $\sigma^2$ を区間推定する際には

$$\frac{(x_1 - \overline{x})^2 + (x_2 - \overline{x})^2 + \ldots + (x_n - \overline{x})^2}{\sigma^2} = \sum_{i=1}^{n} \frac{(x_i - \overline{x})^2}{\sigma^2}$$

という変数の分布を利用すればよいことが知られている。

この変数が $\chi^2$ である。このとき、$\chi$ という変数があるわけではなく、変数は、あくまでも $\chi^2$ であることに注意されたい。この変数は、標本分散と

$$\chi^2 = \frac{nV_x}{\sigma^2} = \frac{nS_x^{\ 2}}{\sigma^2}$$

という関係にある。

そして、この変数が従う確率分布が $\chi^2$ 分布である。この分布についても、すでに研究されており、分布表も作成されている。なお、数学的取り扱いは第7章で行う。$\chi^2$ 分布は、当然のことながら成分数 $n$ によって変化するが、$t$ 分布と同

第 3 章　推測統計

様に成分数ではなく自由度 $\phi$ を使い成分数とは $\phi = n-1$ という関係にある[9]。

たとえば、自由度 $\phi$ によって、変数 $\chi^2$ は

$$\chi^2(\phi = 1) = \frac{(x_1 - \overline{x})^2 + (x_2 - \overline{x})^2}{\sigma^2}$$

$$\chi^2(\phi = 2) = \frac{(x_1 - \overline{x})^2 + (x_2 - \overline{x})^2 + (x_3 - \overline{x})^2}{\sigma^2}$$

$$\chi^2(\phi = 4) = \frac{(x_1 - \overline{x})^2 + (x_2 - \overline{x})^2 + (x_3 - \overline{x})^2 + (x_4 - \overline{x})^2}{\sigma^2}$$

…

$$\chi^2(\phi = n-1) = \frac{(x_1 - \overline{x})^2 + (x_2 - \overline{x})^2 + (x_3 - \overline{x})^2 + ... + (x_n - \overline{x})^2}{\sigma^2}$$

$$= \sum_{i=1}^{n} \frac{(x_i - \overline{x})^2}{\sigma^2}$$

となる。ただし、$x_1, x_2, x_3, ..., x_n$ は、ある正規分布に従う母集団から取り出した標本データである。

---

**演習 3-10**　平均が $\overline{x} = \dfrac{x_1 + x_2}{2}$ と与えられることを利用して、自由度 1 の $\chi^2$ を計算せよ。

---

**解）**　$\chi^2(\phi = 1) = \dfrac{(x_1 - \overline{x})^2 + (x_2 - \overline{x})^2}{\sigma^2}$ に $\overline{x} = \dfrac{x_1 + x_2}{2}$ を代入すると

$$\chi^2(\phi = 1) = \frac{\left(x_1 - \dfrac{x_1 + x_2}{2}\right)^2 + \left(x_2 - \dfrac{x_1 + x_2}{2}\right)^2}{\sigma^2} = \frac{(x_1 - x_2)^2}{2\sigma^2}$$

となる。

---

このように、標本数が 2 個の場合、$\chi^2$ は、その差のみに依存する。つまり、(2, 3) でも (5, 6) でも同じ値となる。よって、自由度が 1 となっている。図 3-8 に、代表的な $\chi^2$ 分布のグラフを示す。

---

[9] 標本平均ではなく、母平均 $\mu$ を使った場合には自由度は $\phi = n$ となる。

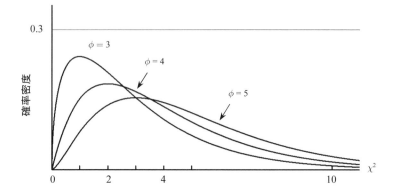

**図 3-8** 自由度 $\phi$ が 3, 5, 6 に対応した $\chi^2$ 分布。横軸は確率変数の$\chi^2$、たて軸は確率密度となる。$\chi^2$ の範囲を与えると、グラフの下の面積が、その範囲に入る確率を与える。

$\chi^2$ 分布は、正規分布や $t$ 分布と異なり、左右対称とはならない。また、定義式から明らかなように、正の値しかとらない。分散の区間推定は、この $\chi^2$ 分布を利用して行う。

この分布も、すでに研究されており、自由度ごとに変数 $\chi^2$ の分布ならびに数値表も用意されている。正規分布や $t$ 分布と同様に、Microsoft EXCEL の組み込み関数を使えば、自由度を与えることによって累積確率などのデータが得られるので、区間推定に利用することができる。

それでは、具体的に $\chi^2$ 分布を利用して、分散の区間推定を行ってみよう。

### 3.10.2. 分散の区間推定

いま、正規分布に属する母集団から取り出した 6 個の標本が (2, 2, 2, 3, 4, 5) としよう。すると、標本平均は

$$\bar{x} = \frac{2+2+2+3+4+5}{6} = 3$$

標本分散 $S_x^2$ は

$$S_x^2 = \frac{(2-3)^2 + (2-3)^2 + (2-3)^2 + 0 + (4-3)^2 + (5-3)^2}{6} = \frac{8}{6} = 1.33$$

となる。$n = 6$ であるから、母分散の不偏推定値は

$$\hat{\sigma}^2 = \frac{n}{n-1}S_x^2 = \frac{6}{6-1} \times \frac{8}{6} = \frac{8}{5} = 1.6$$

と与えられる。

　しかし、この値がどの程度の信頼性があるかは、このままではわからない。そこで、$\chi^2$ 分布を利用して、母分散の信頼区間と範囲を求めることにしよう。母分散を $\sigma^2$ とすると、この標本データの $\chi^2$ は

$$\chi^2 = \frac{n S_x^2}{\sigma^2} = \frac{8}{\sigma^2}$$

と与えられる。これは自由度が $\phi = n - 1 = 6 - 1 = 5$ の $\chi^2$ 分布に従う。そのグラフを図 3-9 に示す。

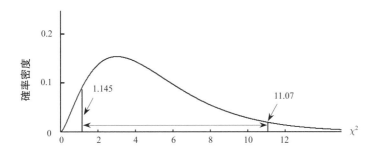

**図 3-9**　自由度 5 の $\chi^2$ 分布における母分散の 90% 信頼区間。このグラフにおいて、$\chi^2$ が 1.145 から 11.07 の範囲の面積が確率の 0.9 を与える。あるいは、$\chi^2 < 1.145$ の面積つまり確率が 0.05、$\chi^2 > 11.07$ の面積つまり確率が 0.05 ということを意味している。

　ここで、母分散の 90% 信頼区間を求めてみよう。自由度 ($\phi = n - 1$) をパラメータとして、Microsoft EXCEL の組み込み関数の CHISQ.INV (**累積確率, 自由度**) を使えば、必要な値が得られる。

　信頼水準 90% の場合、累積確率としては 0.05 と 0.95 の点を求めればよいので

　　　　　CHISQ.INV (0.05,5) = 1.145　　　CHISQ.INV (0.95,5) = 11.07

と与えられる。よって 90% 信頼区間は

となる。$\chi^2 = 8/\sigma^2$ であるから

$$1.145 \leq \chi^2 \leq 11.07$$

$$1.145 \leq \frac{8}{\sigma^2} \leq 11.07$$

となり、母分散の 90% 信頼区間は

$$0.723 \leq \sigma^2 \leq 6.99$$

となる。

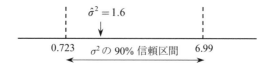

母分散の不偏推定値は $\hat{\sigma}^2 = 1.6$ であったが、この値は 90% 信頼区間に位置していることになる。ちなみに、母分散の信頼区間がわかれば、母標準偏差 $\sigma$ の 90% 信頼区間は

$$0.85 \leq \sigma \leq 2.64$$

と与えられる。ただし、あくまでも参考値[10]となることに注意されたい。

---

**演習 3-11** 正規分布に従う母集団から取り出した 9 個の標本データが
$$(1, 2, 3, 4, 5, 6, 7, 8, 9)$$
と与えられるとき、母分散の不偏推定値と、その 90% 信頼区間を求めよ。

---

**解)** 標本平均は

$$\bar{x} = \frac{1+2+3+4+5+6+7+8+9}{9} = 5$$

となる。標本分散 $S_x^2$ は

$$S_x^2 = \frac{4^2 + 3^2 + 2^2 + 1^2 + 0 + 1^2 + 2^2 + 3^2 + 4^2}{9} = \frac{60}{9} \cong 6.67$$

となる。$n = 9$ であるから、母分散の不偏推定値は

---

[10] 母分散の不偏推定値を $\sigma^2$ としたとき、$\sigma$ が母標準偏差とはならない。

第 3 章　推測統計

$$\hat{\sigma}^2 = \frac{n}{n-1} S_x^{\ 2} = \frac{9}{9-1} \times \frac{60}{9} = 7.5$$

と与えられる。

母分散を $\sigma^2$ とすると、この標本データの $\chi^2$ は

$$\chi^2 = \frac{n S_x^{\ 2}}{\sigma^2} = \frac{60}{\sigma^2}$$

と与えられる。この変数は、自由度が $\phi = n-1 = 9-1 = 8$ の $\chi^2$ 分布に従う。自由度が 8 で、累積確率が 0.05 と 0.95 に対応する点は

$$\text{CHISQ.INV}\,(0.05,8) = 2.733 \qquad \text{CHISQ.INV}\,(0.95,8) = 15.51$$

と与えられる。

したがって 90% 信頼区間は

$$2.733 \leq \chi^2 \leq 15.51$$

となる。$\chi^2 = 60/\sigma^2$ であるから

$$2.733 \leq \frac{60}{\sigma^2} \leq 15.51$$

となり、母分散の 90% 信頼区間は

$$3.87 \leq \sigma^2 \leq 21.95$$

と与えられる。

---

したがって、母分散の不偏推定値 $\hat{\sigma}^2 = 7.5$ は 90% の信頼区間に位置している。また、この結果から、$\sigma$ の 90% 信頼区間は、参考値として

$$1.97 \leq \sigma \leq 4.69$$

と与えられる。

このように、標本データから、母標準偏差ならびに母分散を推定するには、$\chi^2$ 分布を利用すればよいことがわかる。

ところで、統計では、異なる二つの正規母集団のばらつきを比較したい場合もある。たとえば、ある企業が 2 つの工場で同じ製品を作っているとき、ある工場の製品のばらつきの方が大きいと思われる事態が発生したとしよう。当然、不良品も増えるので問題がある。ただし、それが本質的な問題かどうかは、統計的に検証する必要がある。このとき、それぞれの製品寸法の分散の比を推定する必要がある。その際、使われるのが $F$ 分布である。

## 3.11. 分散の比の推定

### 3.11.1. $F$ 分布

統計では、異なる二つの正規母集団の分散の比を推定する場合もある。A, B という正規母集団から、標本を取り出して、それぞれの母分散の比を推定したいとしよう。その際、利用する確率変数は $F$ と呼ばれ

$$F = \frac{\chi_A{}^2}{\phi_A} \Big/ \frac{\chi_B{}^2}{\phi_B}$$

という $\chi^2$ の比を利用する。このとき、分子分母を自由度で除して規格化する必要がある。ここで、$F$ として

$$\chi_A{}^2 \Big/ \chi_B{}^2$$

のような変数 $\chi^2$ の単純な比ではなく、自由度によって規格化が必要になる理由は簡単である。

A, B 双方が正規母集団に属する場合であっても、取り出す標本数 $n$ と $m$ によって $\chi$ の値が

$$\chi_A{}^2 = \frac{(x_1 - \overline{x})^2}{\sigma_A{}^2} + \frac{(x_2 - \overline{x})^2}{\sigma_A{}^2} + ... + \frac{(x_n - \overline{x})^2}{\sigma_A{}^2} = \frac{nS_A{}^2}{\sigma_A{}^2}$$

$$\chi_B{}^2 = \frac{(y_1 - \overline{y})^2}{\sigma_B{}^2} + \frac{(y_2 - \overline{y})^2}{\sigma_B{}^2} + ... + \frac{(y_m - \overline{y})^2}{\sigma_B{}^2} = \frac{mS_B{}^2}{\sigma_B{}^2}$$

のように変化するからである。

したがって、サンプル数の差の $n$ と $m$ を考慮して、それぞれの集団の分散を比較するのが $F$ 分布なのである。

そして、分子分母の自由度が $\phi_A = n-1,\ \phi_B = m-1$ の場合には、自由度 $(\phi_A, \phi_B)$ の $F$ 分布と呼んでいる。$F(\phi_A, \phi_B)$ と表記する場合もある。つまり

$$F(\phi_A, \phi_B) = \frac{\chi_A{}^2}{\phi_A} \Big/ \frac{\chi_B{}^2}{\phi_B}$$

となる。

このとき、$\phi_A$ は分子の $\chi^2$ の自由度、$\phi_B$ は分母の $\chi^2$ の自由度である。ところで、この比をとるときに、どちらの集団の $\chi^2$ を分子に選べばよいのか迷ってしまうがどうだろうか。実は、分子、分母どちらでも構わないのである。ただし、分子と分母を変えると、当然分布も変わってくる。このとき

第 3 章　推測統計

$$F(\phi_B, \phi_A) = \frac{\chi_B^2}{\phi_B} \bigg/ \frac{\chi_A^2}{\phi_A} = \frac{1}{F(\phi_A, \phi_B)}$$

という関係にある。具体的な数値で示せば

$$F(9,4) = \frac{1}{F(4,9)}$$

という関係となる。

### 3. 11. 2.　分散比の区間推定

$F$ 分布も詳細に研究されており、$F$ 分布を利用して標準偏差の比（分散の比）の区間推定を行う場合には、Microsoft EXCEL の組み込み関数である F.INV（**累積確率, 自由度**1, **自由度**2）を利用する。すると、F.INV$(0.95, \phi_1, \phi_2)$ と入力すると、自由度 $(\phi_1, \phi_2)$ に対応し、累積確率が 0.95 となる $F$ の値が得られ

F.INV$(0.95, 1, 1) = 161.45$　　　　F.INV$(0.95, 1, 5) = 6.61$

F.INV$(0.95, 5, 1) = 230.16$　　　　F.INV$(0.95, 3, 4) = 6.59$

のように与えられる。

---

**演習** 3-12　ある工場の優秀なふたりの旋盤工が、直径 20 [mm] のパイプ加工をした。工員 A は 16 個のパイプ加工を、B は 12 個のパイプ加工をしている。製品検査をしたところ、ふたりとも平均は 20 [mm] であったが、標準偏差は、それぞれ 1.5 [mm] と 0.5 [mm] であった。標準偏差を見ると、工員 A の加工品のバラツキの平均が 1.5 [mm] と大きな値を示している。この結果から、工員 B の方が優秀だと判定してよいのであろうか。90% の信頼水準で検証せよ。

---

表 3-4　工員 A, B の技能比較

|  | A | B |
|---|---|---|
| 標本数 | 16 | 12 |
| 平均 [mm] | 20 | 20 |
| 標準偏差 | 1.5 | 0.5 |

**解）**　まず、それぞれの $\chi^2$ を求めると

$$\text{A:} \quad \chi_A^2 = \frac{n_A S_A^2}{\sigma_A^2} = \frac{16 \times (1.5)^2}{\sigma_A^2} = \frac{36}{\sigma_A^2}$$

$$\text{B:} \quad \chi_B^2 = \frac{n_B S_B^2}{\sigma_B^2} = \frac{12 \times (0.5)^2}{\sigma_B^2} = \frac{3}{\sigma_B^2}$$

であり、自由度は $\phi_A = n_A - 1 = 15$, $\phi_B = n_B - 1 = 11$ であるから、確率変数 $F$ は

$$F = \frac{\chi_A^2}{\phi_A} \bigg/ \frac{\chi_B^2}{\phi_B} = \frac{36}{15\sigma_A^2} \bigg/ \frac{3}{11\sigma_B^2}$$

となる。これを変形すると

$$F = 8.8 \frac{\sigma_B^2}{\sigma_A^2}$$

となる。この値の 90% 信頼区間を推定してみよう。ここで、自由度 (15, 11) の $F$ 分布で、累積確率が 0.05 と 0.95 になる点は

  F.INV(0.05, 15, 11) = 0.40    F.INV(0.95, 15, 11) = 2.72

となる。
 よって信頼水準 90% での信頼区間は

$$0.40 \leq F \leq 2.72$$

となる。
 ここで、$F = 8.8\sigma_B^2 / \sigma_A^2$ であるから

$$0.40 \leq 8.8 \frac{\sigma_B^2}{\sigma_A^2} \leq 2.72$$

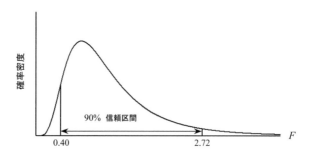

図 3-10  自由度が (15, 11) の $F$ 分布と 90% 信頼区間。横軸は確率変数の $F$、たて軸は確率密度となる。このグラフにおいて、$F$ が 0.40 から 2.72 の範囲の面積が、$F$ がこの範囲に入る確率の 0.9 を与える。

第 3 章　推測統計

から、母分散の比の 90% 信頼区間は

$$0.045 \leq \frac{\sigma_B^2}{\sigma_A^2} \leq 0.309$$

となる。

よって、90% の信頼水準で $\sigma_B^2 / \sigma_A^2 \leq 1$ となっているから、工員 B の製品の
バラツキが小さいという判定が下せることになる。

---

以上のように、標本データがあれば、$t$ 分布を使った母平均 $\mu$ の推定、$\chi^2$ 分布
を使った母分散 $\sigma^2$ の推定、さらに、$F$ 分布を使った分散比の推定などが可能と
なる。

## 3. 12.　点推定

いままで、統計手法を使って、母数を区間推定する手法を紹介してきたが、場
合によっては区間ではなく、ある数値を推定したい場合がある。世の中に出回っ
ている数値は、統計量が多いが、その場合、内閣支持率やテレビ番組の視聴率な
どは区間推定ではなく、すべて 1 点の推定値で報道されている。このような推定
を**点推定** (point estimation) と呼んでいる。

それでは、点推定するにはどうすればよいのであろうか。いろいろな手法があ
るが、一番簡単な方法は、この章の冒頭で紹介したように、標本を抽出して、そ
の標本平均や標本分散を、そのまま母数の点推定値として採用する方法である。
ただし、標本平均は母平均の不偏推定値であるが、標本分散は母分散の不偏推定
値とはならないことに注意する必要がある。このとき、母分散の点推定には

$$\sigma^2 = \frac{1}{n-1}\sum_{i=1}^{n}(x_i - \overline{x})^2$$

のように、標本分散を標本数 $n$ ではなく $n-1$ で除した値を使う方が賢明である。
しかし、すでに紹介したように、母数は適当な信頼水準のもとで区間推定するこ
とが必要であり、それを 1 点で推定するということは、それだけ大きな誤差を含
んでいる可能性がある。

ここで、推定したい母集団が従う分布がわかっている場合に使える点推定の手
法として、**最尤法** (maximum-likelihood method) と呼ばれるものを紹介しておく。

これは「さいゆうほう」と読む。最も、尤も（もっとも）らしい値を求める方法という意味である。英語では「尤も」という語に対応させて "likely" の名詞形の "likelihood" を使う。最も「ふさわしい」値という意味である。

それでは、正規分布の場合の最尤法を紹介する。いま、母分散が $\sigma^2$ ということがわかっている正規分布において、標本から母平均を点推定する方法を考えてみる。いま、母集団から抽出した標本データが $n$ 個あるとする。

$$x_1, x_2, x_3, ..., x_n$$

これら標本が属する母集団が従う分布に対応した確率密度関数は

$$f(x) = \frac{1}{\sigma\sqrt{2\pi}} \exp\left(-\frac{(x-\mu)^2}{2\sigma^2}\right)$$

であった。この関数は $x$ を変数とする関数であるが、一方で $\mu$ を変数とする関数とみなすこともできる。

実際に点推定するためには、まず

$$f(x_1) = \frac{1}{\sigma\sqrt{2\pi}} \exp\left(-\frac{(x_1-\mu)^2}{2\sigma^2}\right) \qquad f(x_2) = \frac{1}{\sigma\sqrt{2\pi}} \exp\left(-\frac{(x_2-\mu)^2}{2\sigma^2}\right)$$

$$...$$

$$f(x_n) = \frac{1}{\sigma\sqrt{2\pi}} \exp\left(-\frac{(x_n-\mu)^2}{2\sigma^2}\right)$$

というように、標本データを確率密度関数に代入したものを用意する。そのうえで、これら関数の積をつくり、その積からなる関数を $\mu$ の関数とみなす。すると

$$L(\mu) = \left(\frac{1}{\sigma\sqrt{2\pi}}\right)^n \exp\left(-\frac{(x_1-\mu)^2}{2\sigma^2}\right) \cdot \exp\left(-\frac{(x_2-\mu)^2}{2\sigma^2}\right) ... \exp\left(-\frac{(x_n-\mu)^2}{2\sigma^2}\right)$$

$$= \left(\frac{1}{\sigma\sqrt{2\pi}}\right)^n \exp\left(-\frac{(x_1-\mu)^2 + (x_2-\mu)^2 + ... + (x_n-\mu)^2}{2\sigma^2}\right)$$

となる。この積は、$\mu$ が母平均の場合に最大となるはずである。なぜなら、正規分布のかたちを見ればわかるように、その平均を中心からずれた点と仮定すると、確率密度は小さい方にしかずれないからである。この関数を**尤度関数** (likelihood function) と呼んでいる。そして、この関数が最大となる $\mu$ の値が**最尤推定量** (maximum-likelihood estimator) という求めたい点推定量となる。この値を求める

第 3 章　推測統計

には

$$\frac{dL(\mu)}{d\mu} = 0$$

を満足する $\mu$ を求めればよい。

---

**演習** 3-13　尤度関数の導関数が $\dfrac{dL(\mu)}{d\mu} = 0$ となる $\mu$ の値を求めよ。

---

**解）**　尤度関数 $L(\mu)$ の導関数は

$$\frac{dL(\mu)}{d\mu} = \left(\frac{1}{\sigma\sqrt{2\pi}}\right)^n \exp\left(-\frac{(x_1-\mu)^2+...+(x_n-\mu)^2}{2\sigma^2}\right)\left\{\frac{(x_1-\mu)+...+(x_n-\mu)}{\sigma^2}\right\}$$

と与えられる。この関数が 0 になるのは

$$\frac{(x_1-\mu)+(x_2-\mu)+...+(x_n-\mu)}{\sigma^2} = 0$$

のときである。よって

$$x_1 + x_2 + ... + x_n - n\mu = 0$$

となり、結局

$$\mu = \frac{x_1 + x_2 + ... + x_n}{n}$$

という値が得られる。

---

これは、まさに標本平均である。つまり、標本平均が最尤推定量となる。

---

**演習** 3-14　母分散が $V=5$ の正規分布に従う集団から 2 個の標本を抽出したところ、4 と 6 という値が得られた。母平均の最尤推定量を求めよ。

---

**解）**　この母集団の確率密度関数は

$$f(x) = \frac{1}{\sqrt{5}\sqrt{2\pi}}\exp\left(-\frac{(x-\mu)^2}{2\times 5}\right) = \frac{1}{\sqrt{10\pi}}\exp\left(-\frac{(x-\mu)^2}{10}\right)$$

となる。よって尤度関数は

$$L(\mu) = \frac{1}{10\pi} \exp\left(-\frac{(4-\mu)^2 + (6-\mu)^2}{10}\right)$$

と与えられる。この導関数を計算すると

$$\frac{dL(\mu)}{d\mu} = \frac{1}{10\pi} \exp\left(-\frac{(4-\mu)^2 + (6-\mu)^2}{10}\right)\left(\frac{20-4\mu}{10}\right)$$

となり、これが 0 となるのは $\mu = 5$ であり、これが母平均の最尤推定量となる。

---

一方、分散 $V$ の最尤推定量を求める際には

$$L(V) = \left(\frac{1}{\sqrt{2\pi V}}\right)^n \exp\left(-\frac{(x_1-\mu)^2}{2V}\right) \cdot \exp\left(-\frac{(x_2-\mu)^2}{2V}\right) ... \exp\left(-\frac{(x_n-\mu)^2}{2V}\right)$$

$$= \left(\frac{1}{\sqrt{2\pi V}}\right)^n \exp\left(-\frac{(x_1-\mu)^2 + (x_2-\mu)^2 + ... + (x_n-\mu)^2}{2V}\right)$$

として $dL(V)/dV = 0$ となる $V$ の値を求めればよい。

---

**演習 3-15** 母集団が正規分布に従う集団から、4 個の標本を抽出したところ、(3, 4, 6, 7) という値が得られた。母分散の最尤推定量を求めよ。

**解)** 母平均の不偏推定値は $\mu = \dfrac{3+4+6+7}{4} = 5$ であるから、母分散を $V$ とすると、この母集団の確率密度関数は

$$f(x) = \frac{1}{\sqrt{2\pi V}} \exp\left(-\frac{(x-5)^2}{2V}\right)$$

となる。よって尤度関数は

$$L(V) = \left(\frac{1}{\sqrt{2\pi V}}\right)^4 \exp\left(-\frac{(3-5)^2 + (4-5)^2 + (6-5)^2 + (7-5)^2}{2V}\right)$$

$$= \frac{1}{4\pi^2 V^2} \exp\left(-\frac{5}{V}\right)$$

第 3 章　推測統計

と与えられる。この $V$ に関する導関数を計算すると

$$\frac{dL(V)}{dV} = -\frac{1}{2\pi^2 V^3}\exp\left(-\frac{5}{V}\right) + \frac{1}{4\pi^2 V^2}\exp\left(-\frac{5}{V}\right)\cdot\frac{5}{V^2}$$

$$= -\frac{1}{2\pi^2 V^3}\exp\left(-\frac{5}{V}\right)\cdot\left(1-\frac{5}{2V}\right)$$

となる。よって

$$\frac{dL(V)}{dV} = 0$$

となるのは $V = 5/2$ であり、これが最尤推定量となる。

---

　ここで、与えられる分散は

$$V = \frac{(3-5)^2+(4-5)^2+(6-5)^2+(7-5)^2}{4} = \frac{5}{2}$$

となり、標本分散となる。よって、本来の不偏推定値である

$$\hat{V} = \frac{(3-5)^2+(4-5)^2+(6-5)^2+(7-5)^2}{4-1} = \frac{10}{3}$$

とは異なる。これは、最尤推定量はあくまでも標本データをもとに計算しているからである。

## コラム

統計で標準偏差を扱う際には

$$s = \sqrt{\frac{(x_1 - \overline{x})^2 + (x_2 - \overline{x})^2 + ... + (x_n - \overline{x})^2}{n}}$$

という式と

$$\sigma = \sqrt{\frac{(x_1 - \overline{x})^2 + (x_2 - \overline{x})^2 + ... + (x_n - \overline{x})^2}{n-1}}$$

の 2 つの式が登場して混乱することがある。

まず、最初の式は、標本標準偏差 $S_x$

$$S_x = \sqrt{\frac{(x_1 - \overline{x})^2 + (x_2 - \overline{x})^2 + ... + (x_n - \overline{x})^2}{n}}$$

に対応している。

一方、本文でも紹介したように、分散の不偏推定値 $\sigma^2$ は

$$\sigma^2 = \frac{n}{n-1} S_x^{\,2}$$

となる。このため

$$\sigma = \sqrt{\frac{(x_1 - \overline{x})^2 + (x_2 - \overline{x})^2 + ... + (x_n - \overline{x})^2}{n-1}}$$

を採用する場合もある。英語では、これを corrected sample standard deviation つまり修正標本標準偏差と呼ぶこともある。これに対して、分母が $n$ の場合を uncorrected sample standard deviation と呼ぶ。

しかしながら、この値は、母標準偏差の不偏推定値とはならないので注意が必要である。不偏推定値の導出は第 7 章で行う。

# 第4章　統計的仮説検定


## 4.1.　統計における仮説検定

### 4.1.1.　仮説の設定

　統計における検定では、まず**仮説** (hypothesis) を立てる必要がある。例として、「日本人男性の平均身長は 160 [cm] である」という仮説を立てたとしよう。すると、この仮説の 160 [cm] という値が、想定している確率分布の中でどこに位置するかが判定材料になる。この値が確率分布の中心付近、つまり、平均の近くに位置するならばこの仮説は正しい可能性が高いということになる。ただし、「近く」という表現はあいまいであるので、正確にどの位置にあるかを数値で示す必要がある。


### 4.1.2.　仮説の検証

　ところで、日本人全員の身長を調べて平均を求めれば、問題なく答えが出せるが、それには膨大な時間と手間が必要となる。そこで、日本人全体から何人かのデータを抽出し、その平均身長から仮説が正しいかどうかを統計的に検証するのが一般的である。

　ここでは、日本人男性から任意の 5 人を選んで、その身長分布から上記の仮説を検定することを考える。（このとき、統計的には、その分布は自由度が 4 の $t$ 分布に従う。）そして、その仮説が正しいと想定される**採択域** (region of acceptance) と**棄却域** (region of rejection) を決めて判定することになる。これを**仮説検定** (test of hypothesis) と呼んでいる。境界をどこに置くかという判断は、ケースバイケースで違ってくる。

　一般には、95% の信頼区間からはずれていれば、その仮説は棄却するという条件を採用している。つまり、両すその面積がそれぞれ 2.5% となる境界が選ばれる。

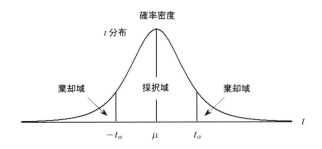

**図 4-1** 統計検定の採択域と棄却域：棄却域の面積 ($2\alpha$) を決めれば、境界の $\pm t_\alpha$ の値を $t$ 分布から求めることができる。

ところで、この仮説を棄却したとしても、まだ 5% だけその仮説が正しい可能性が残ることになる。そこで、統計では、この 5% のことを**危険率** (risk) とも呼んでいる。あるいは、それを超えると意味がないとして**有意水準** (significance level) と呼ぶ場合もある。たとえば、**5% の有意水準で仮説検定する**と表現する。

## 4.2. 帰無仮説と対立仮説

統計解析においては、互いに対立する二つの仮説を立てる。たとえば、日本人男性の平均身長が 160 [cm] かどうかを考えたとき

**仮説 1**　日本人男性の平均身長は 160 [cm] である
**仮説 2**　日本人男性の平均身長は 160 [cm] ではない

という 2 つの仮説を立てる。これらの仮説は一方が正しければ、他方は正しくないという関係にある。仮説検定の手順は

1　仮説を立てる
2　対象の集団から標本を抽出する　　（標本数は多いほどよい）
3　標本の平均と分散などを求め、母集団の確率分布を推定する
4　仮説において設定した値が確率分布のどの位置にあるかを調べ、採択あるいは棄却を決める

第 4 章　統計的仮説検定

　それでは、実際に検定作業を進めてみよう。日本人男性を 5 人集め、身長のデータを調べたところ

$$150, 160, 165, 170, 175 \text{ [cm]}$$

であった。

　すると、その標本平均は

$$\overline{x} = \frac{150 + 160 + 165 + 170 + 175}{5} = 164$$

のように 164 [cm] となる。標本分散 $V_x$ は

$$V_x = \frac{14^2 + 4^2 + 1^2 + 6^2 + 11^2}{5} = \frac{370}{5} = 74$$

となり、標本標準偏差 $S_x$ は

$$S_x = \sqrt{V_x} = \sqrt{74} \cong 8.6$$

となる。ここで、自由度 $\phi = 4$ の $t$ 分布に従う確率変数は

$$t = \sqrt{n-1}\,\frac{\overline{x} - \mu}{S_x} = \sqrt{4}\,\frac{164 - \mu}{8.6} = \frac{164 - \mu}{4.3}$$

となる。

　このとき、平均 $\mu$ の 160 [cm] が、$t$ 分布のどこに位置するかで仮説を検定することができる。ここで、日本人男性の場合、平均が 160 [cm] よりも高い場合と、低い場合が想定されるので、両側検定が必要になる。

　95% 信頼度で、母平均 $\mu$ の信頼区間を調べる。自由度 4 で累積確率が 0.025 と 0.975 になる点は、EXCEL の組み込み関数を使うと

$$\text{T.INV}\,(0.025, 4\,) = -2.776 \qquad \text{T.INV}\,(0.975, 4\,) = 2.776$$

と与えられる。よって 95% の信頼区間、つまり、採択域は

$$-2.776 \leq t \leq 2.776$$

となる。$t = \dfrac{164 - \mu}{4.3}$ であるから

$$-2.776 \leq \frac{164 - \mu}{4.3} \leq 2.776$$

から、結局、採択域は

$$152.1 \leq \mu \leq 175.9$$

となる。

　したがって、$\mu = 160$ [cm] は採択域に位置している。この場合、推測統計では、日本人男性の身長の平均は、95% の信頼係数で、152.1 [cm] から 175.9 [cm] の範囲内にあると結論できるのであった。

　一方、帰無仮説の「日本人男性の平均身長は 160 [cm] である」という仮説は棄却することはできない。逆説的な言いまわしであるが、統計検定においては、**仮説 1 は棄却されてはじめて意味を持つ**のである。つまり、それが棄却されれば、われわれは、「日本人男性の平均身長は 160 [cm] ではない」という結論を得ることができる。

　言い換えれば、仮説 1 は無に帰してはじめて意味を持つことになる。よって、このような仮説を**帰無仮説** (null hypothesis) と呼んでいる。"null" という英語はゼロあるいは無という意味である。つまり、統計検定では、棄却したい仮説を立てて、それを検証することになる[11]。

---

**演習** 4-1　標本として選んだ日本人男性 5 人の身長が

$$170, 175, 180, 180, 185 \text{ [cm]}$$

であったときに、仮説 1 を検証せよ。

---

　**解**)　その平均は

$$\bar{x} = \frac{170 + 175 + 180 + 180 + 185}{5} = 178$$

となり、178 [cm] となる。標本分散 $V_x$ は

$$V_x = \frac{8^2 + 3^2 + 2^2 + 2^2 + 7^2}{5} = \frac{130}{5} = 26$$

したがって、標本標準偏差 $S_x$ は

$$S_x = \sqrt{V_x} = \sqrt{26} \cong 5.1$$

---

[11] ただし、今回の帰無仮説はわかりやすい例として使っているだけで、それを棄却できたからと言って、何か意味があるものではないことを付記しておく。

第 4 章　統計的仮説検定

となる。ここで、自由度 $\phi = n - 1 = 4$ の $t$ 分布に従う確率変数は

$$t = \sqrt{n-1}\,\frac{\bar{x} - \mu}{S_x} = \sqrt{4}\,\frac{178 - \mu}{5.1} = \frac{178 - \mu}{2.55}$$

となる。母平均 $\mu$ の 95% 信頼区間は

$$-2.776 \le \frac{178 - \mu}{2.55} \le 2.776$$

から、採択域は

$$171 \le \mu \le 185$$

となる。よって、$\mu = 160$ [cm] は棄却域にあり、帰無仮説は棄却でき、日本人男性の身長は 160 [cm] ではないと結論できることになる。

---

　帰無仮説という名称は、いかにも否定的な表現であるが、上にも述べたように、仮説検定においては、帰無仮説が棄却されることを半ば期待しているのである。そして、仮説 2 は仮説 1 と対立関係にあるので、仮説 1 が棄却された場合に、それが正しいことが証明される。よって、この仮説を**対立仮説** (alternative hypothesis) と呼んでいる。つまり、検定の本意は**対立仮説の証明**にある。

　これら仮説は hypothesis の頭文字をとって、$H$ と表記される。そして、帰無仮説は null hypothesis の null が 0 という意味であるので、$H_0$ と表記される。これに対し、対立仮説は 0 か 1 かという対立関係から $H_1$ と表記する。そして、いまの平均身長の例を表記すると

$$H_0 : \mu = 160 \,[\text{cm}] \qquad\qquad H_1 : \mu \ne 160 \,[\text{cm}]$$

と書くことができる。$H_1$ は $\mu > 160$ [cm] と $\mu < 160$ [cm] の両方を含んでいる。日本人男性の場合は 160 [cm] が平均より大きいか小さいかわからないからである。

　つぎに、信頼区間としては、分布の中心から 95% の範囲を選ぶ。よって、5% 危険率（5% 有意水準）としては、図 4-2 に示すように、分布の両すそ (tail) の面積が併せて 0.05（つまり、それぞれのすその面積が 0.025）の値を採用したのである。このような検定を**両側検定** (two-tailed test) と呼んでいる。

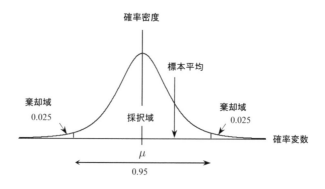

図 4-2 有意水準 5% (0.05) の両側検定: 図の標本平均は採択域にある。

一方、予想のずれが一方にしかない場合、信頼区間としては分布全体の片側の 95% の範囲を選ぶ。よって、5% 有意水準は、片側のすその面積が 0.05 の値を採用する。このような検定を**片側検定** (one-tailed test) と呼んでいる。

ここで、前章での解析を少し復習しておこう。図 4-2 の中心は母平均の $\mu$ であるが、この値は、実は未知である。そして、われわれが使えるのは、標本平均 $\bar{x}$ のほうである。このとき、図 4-3 に示すように、R% の信頼区間を与える範囲のしきい値 $D$ の値は、$\mu$ を中心に考えた場合と、$\bar{x}$ を中心に考えた場合、同じ値を与えるという事実である。

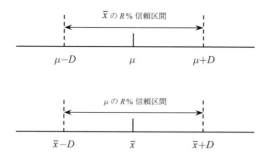

図 4-3 本来の標本平均の中心は母平均の $\mu$ となるが、信頼区間を考える場合は、標本平均 $\bar{x}$ を中心に据えて、$\mu$ の推定が可能となる。

よって、われわれは、標本平均 $\bar{x}$ を中心に据えて、$R\%$ 信頼区間に存在する $\mu$ のしきい値を得ることができるのである。この事実をもとに、統計的検定に進むことにしよう。

## 4.3. $t$ 検定

平均身長の検定の例は、母平均の検定である。推測統計の章で紹介したように、正規母集団の母平均は、標本数が少ない場合には、$t$ 分布に従う。よって、この検定を $t$ 検定 ($t$-test) と呼んでいる。Student's $t$-test と呼ぶこともある。

ここでは具体例を挙げながら、検定を行ってみよう。

いまでは、量り売りという方法はほとんど見なくなったが、昔は米やお酒やみそなどを買うのはみんな量り売りであった。このとき、枡（ます）と呼ばれる一種の計器があって、これが何杯で一升というような売り方をしていたのである。すると、当然のことながら誤差が生じるが、店によっては、客をごまかすところもあったと聞いている。

ある酒屋が表示よりも少ない量でごまかしているという評判が立った。そこで、主婦が集まって、その検定を行うことにした。1 合というのは 180 [cc] である。そこで、この店が 1 合として売っている酒の量を測ったところ

$$175, 180, 165, 170, 170 \text{ [cc]}$$

という結果が得られた。この平均をとると

$$\bar{x} = \frac{175 + 180 + 165 + 170 + 170}{5} = 172$$

となって、表示の 180 [cc] よりも 8 [cc] も足りない。主婦のひとりが、やはりあの店はごまかしているといきまいたが、果たして、この店を不当表示で訴えられるのであろうか。

もちろん、平均値だけで店を訴えるわけにはいかない。ここで、統計的な検定方法が重要になる。いまの場合、危険率として 5% をとれば十分根拠があるとして訴えられるであろう。また、量が多いほうは想定していないので、片側検定とする。ここで仮説として

仮説 1　1 合として売られている酒の平均量は 180 [cc] である

仮説 2　1 合として売られている酒の平均量は 180 [cc] より少ない

の 2 つを選択する。すると、帰無仮説 $H_0$ と対立仮説 $H_1$ は
$$H_0 : \mu = 180 \,[\text{cc}] \qquad H_1 : \mu < 180 \,[\text{cc}]$$
ということになる。ここでは、$\mu > 180\,[\text{cc}]$ になることは想定していないので、この検定は片側検定となる。

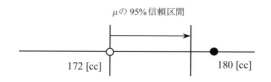

**図 4-4** 仮説における平均 $\mu = 180\,[\text{cc}]$ が標本平均 172 [cc] から求めた $\mu$ の 95% 信頼区間の外に位置していれば、帰無仮説は棄却できる。

標本数は 5 個しかないから、自由度が 4 の $t$ 分布において、累積確率が 0.05 となる点は、EXCEL の組み込み関数を使うと
$$\text{T.INV}(0.05, 4) = -2.132$$
と与えられる。ここで、標本分散を求めると
$$S_x{}^2 = \frac{(172-175)^2 + (172-180)^2 + (172-165)^2 + (172-170)^2 + (172-170)^2}{5} = 26$$
となる。ここで
$$t = \sqrt{n-1}\,\frac{\bar{x}-\mu}{S_x} = \sqrt{4}\,\frac{172-\mu}{\sqrt{26}} \simeq \frac{172-\mu}{2.55}$$
であるから、採択域は
$$-2.132 \leq \frac{172-\mu}{2.55}$$
から
$$\mu \leq 177.44$$
と与えられる。

したがって、平均の 180 [cc] は採択域に入っていないので、仮説 1 は棄却できる。この検定結果を見た主婦達は自信を持って、この酒屋を不当表示で訴えることができると判断した。

第4章 統計的仮説検定

　この結果を携えて、主婦達が酒屋に赴くと、その主人ではなく、顧問弁護士が待ち構えていた。そして、なんと彼女らの訴えの方が不当であると反論してきた。このような重要な案件では、5% の危険率ではなく 1% の危険率を採用すべきだというのである。そこで、自由度が 4 で累積確率が 0.01 となる点の値は EXCEL の組み込み関数を使うと

$$T.INV (0.01, 4) = -3.747$$

と与えられる。しきい値が $t = -3.747$ であるから

$$-3.747 \leq t = \frac{172 - \mu}{2.55}$$

から、採択域は

$$\mu \leq 181.55$$

となる。

　あろうことか、180 [cc] は採択域に入っており、仮説 1 を棄却できない。つまり、この店がまっとうな商売をしている可能性を否定できないという先ほどとは違う結論になるのである。

　この例のように、統計検定では、危険率のとり方によって、判定結果は違ったものとなる。よって残念ながら、統計で裁判を争うことはできないのである。

　後日談であるが、この酒屋は、訴えからは免れたものの、すぐにつぶれてしまった。いくら正当性があるとはいえ、標本平均が 5% の棄却域に入っていたのでは、多くの賢い消費者は、この店は信用できないと判断したのである。

---

**演習** 4-2　ある合金 10 [g] を鉄 1 [kg] に添加すると、その強度が平均として 10 [kg/mm²] だけ上昇することが知られている。ところが、同じ実験を 4 回行ったところ、強度の上昇が

$$7, 9, 9, 11 \ [kg/mm^2]$$

となった。この添加した合金は、いつも使っている合金と同じものと考えてよいのであろうか。5% 有意水準で検定せよ。

---

　**解）**　この合金の添加効果がどちらに振れるかはわからないので、つぎのような仮説を立てる。

$H_0$: この合金添加による強度上昇は 10 [kg/mm²] である（$\mu = 10$）

$H_1$: この合金添加による強度上昇は 10 [kg/mm²] ではない（$\mu \neq 10$）

よって、両側検定が必要となる。ここで、標本データの平均および分散は

$$\overline{x} = \frac{7+9+9+11}{4} = 9$$

$$S_x{}^2 = \frac{(7-9)^2 + (9-9)^2 + (9-9)^2 + (11-9)^2}{4} = 2$$

となる。ここで、変数

$$t = \sqrt{n-1}\,\frac{\overline{x}-\mu}{S_x} = \sqrt{3}\,\frac{9-\mu}{\sqrt{2}} \cong \frac{9-\mu}{0.82}$$

は、自由度 3 の $t$ 分布に従う。両側検定で有意水準が 5% ということは、片すその面積は 0.025 である。ここで、自由度 3 で、片すその面積が 0.025 になる点は

$$t = \pm 3.182$$

であるから、標本平均の 95% の信頼区間（採択域）は

$$-3.182 \leq t \leq +3.182$$

となるが、$t \cong \dfrac{9-\mu}{0.82}$ であるから

$$-3.182 \leq \frac{9-\mu}{0.82} \leq 3.182$$

から、採択域は

$$6.39 \leq \mu \leq 11.61$$

となるので、$\mu = 10$ は採択域に入っている。よって、本検定からは、添加した合金がいつもと違う合金であるという結論は出せないことになる。

---

**演習 4-3** ある合金 10 [g] を鉄 1 [kg] に添加すると、その強度が平均として 10 [kg/mm²] だけ上昇することが過去のデータで知られている。ところが、同じ操作を 4 回行ったところ、強度の上昇が

$$6, 7, 7, 8 \,[\text{kg/mm}^2]$$

という結果が得られた。この添加した合金は、いつも使っている合金と同じものと考えてよいのであろうか。5% 有意水準で検定せよ。

第 4 章　統計的仮説検定

**解）**　つぎのような仮説を立てる。

$H_0$: この合金添加による強度上昇は 10 [kg/mm$^2$] である（$\mu = 10$）

$H_1$: この合金添加による強度上昇は 10 [kg/mm$^2$] ではない（$\mu \neq 10$）

そのうえで、両側検定を行ってみよう。標本データの平均および分散は

$$\overline{x} = \frac{6+7+7+8}{4} = 7 \qquad S_x^{\,2} = \frac{1^2 + 0^2 + 0^2 + 1^2}{4} = 0.5$$

となる。つぎに

$$t = \sqrt{n-1}\,\frac{\overline{x} - \mu}{S_x} = \sqrt{3}\,\frac{7 - \mu}{\sqrt{0.5}} = \frac{7 - \mu}{0.408}$$

と変換する。

自由度 3 の $t$ 分布で両側検定で有意水準が 5% ということは、片すその面積は 0.025 である。ここで、自由度 3 で、累積確率が 0.025 ならびに 0.975 になる点は EXCEL の T.INV 関数を使うと

$$\text{T.INV}(0.025, 3) = -3.182 \qquad \text{T.INV}(0.975, 3) = 3.182$$

と与えられる。

したがって 95% の信頼区間は

$$-3.182 \leq t \leq 3.182$$

となるが、$t = \dfrac{7 - \mu}{0.408}$ であるから

$$-3.182 \leq \frac{7 - \mu}{0.408} \leq 3.182$$

となり、採択域は

$$5.7 \leq \mu \leq 8.3$$

となる。

よって、$\mu = 10$ は採択域にはないので、帰無仮説は棄却され、本実験で添加した合金は、いつも使っている合金とは組成が違うものであると結論することができる。

---

実際の製造現場において、このような検定結果が出たならば、すぐに納入業者に問題を呈示して、対処する必要がある。

ところで、標本データをみるとすべてが平均よりも下の値になっているので、

両側検定ではなく、片側検定をしたらどうなるであろうか。そこで

$$H_0 : \mu = 10 \qquad H_1 : \mu < 10$$

という仮説を立てて、片側検定をしてみよう。

　自由度 3 の $t$ 分布において、片側検定で有意水準が 5% ということは、累積確率は 0.05 である。この点は

$$\text{T.INV}\,(0.05, 3) = -2.353$$

であるから、標本平均の 95% の信頼区間は

$$-2.353 \leq \frac{7 - \mu}{0.408}$$

となり

$$\mu \leq 7 + 0.408 \times 2.353 = 7.960$$

から $\mu = 10$ は棄却域にある。よって、片側検定を行った場合にも帰無仮説は棄却される。


## 4.4. $\chi^2$ 検定－母分散の検定


　標本から得られた分散の値を利用することで、母分散の検定を行う作業を $\chi^2$ **検定** (chi squared test) と呼んでいる。実際に、この検定を具体例で考えてみよう。

　ある工場の製品検査で、目標重量が 25 [kg] の製品の重量にバラツキが大きいことがわかったので、製造装置を修理に出した。修理後、5 個の標本を無作為に抽出し、その重量測定をしたところ

$$24, 26, 27, 22, 26 \ [\text{kg}]$$

という測定結果が得られた。修理前の製品の分散は 9 [kg²] であった。この修理によって製造装置の性能が向上したかどうか、90% の信頼係数で検定したい[12]。

　この場合の帰無仮説と対立仮説は

　　　$H_0$ : 修理後の分散は 9 [kg²] である ($\sigma^2 = 9$)

　　　$H_1$ : 修理後の分散は 9 [kg²] ではない ($\sigma^2 \neq 9$)

となる。

---

[12] 通常の統計解析では、95% あるいは 99% の信頼係数、つまり 5% と 1% の有意水準が適用されるが、ここでは、演習の一環として 90% を採用している。

## 第4章　統計的仮説検定

ここでは、分散の帰無仮説 $\sigma^2 = 9$ について、両側検定を行う。$\chi^2$ は、標本数を $n$、標本分散を $V_x = S_x{}^2$、母分散を $\sigma^2$ とすると

$$\chi^2 = \frac{nS_x{}^2}{\sigma^2} = \frac{(x_1 - \overline{x})^2 + (x_2 - \overline{x})^2 + ... + (x_n - \overline{x})^2}{\sigma^2}$$

という和であり、この和は自由度 $n-1$ の $\chi^2$ 分布に従う。ここで標本平均と標本分散は

$$\overline{x} = \frac{24 + 26 + 27 + 22 + 26}{5} = 25$$

$$S_x{}^2 = \frac{(24-25)^2 + (26-25)^2 + (27-25)^2 + (22-25)^2 + (26-25)^2}{5} = 3.2$$

となる。よって、$\chi^2$ は

$$\chi^2 = \frac{nS_x{}^2}{\sigma^2} = \frac{5 \times 3.2}{\sigma^2} = \frac{16}{\sigma^2}$$

となるが、自由度 4 の $\chi^2$ 分布で累積確率が 0.05 と 0.95 となる値は、Microsoft EXCEL の CHISQ.INV 関数を使うと

　　　　CHISQ.INV(0.05,4) = 0.7107　　　CHISQ.INV(0.95,4) = 9.488

と与えられる。

したがって、90% の信頼区間は図 4-5 に示すように

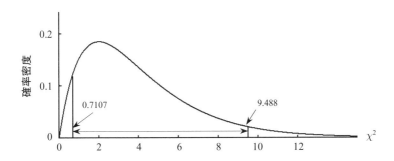

**図 4-5**　自由度が 4 の $\chi^2$ 分布の 90% 信頼区間。$\chi^2$ が 0.7107 から 9.488 の範囲の面積が 0.9 となる。

$$0.7107 \leq \frac{16}{\sigma^2} \leq 9.488$$

となる。よって

$$1.7 \leq \sigma^2 \leq 22.5$$

となる。

　よって、母分散の $\sigma^2 = 9$ は採択域に入っており、棄却域にはないので、帰無仮説を棄却することはできない。

---

　つまり、修理して装置の性能がよくなったという結論を出せないのである。よって、修理業者に対してクレームをつけてもよいということになる。

---

**演習 4-4**　ある会社の職員組合が社員の給料調査を行った。会社が組合との話し合いで、社員の給与格差を 10 万円以内に抑えると約束していたからだ。社員 10 人の給与を標本として無作為に抽出したところ、つぎのような結果が得られた。

$$12, 10, 25, 28, 15, 10, 30, 40, 50, 40 \ [万円]$$

給与の標準偏差が 10 万円かどうかを 10% 有意水準で検定せよ。

---

　**解）**　この場合の仮説は

　　　　$H_0$：給与の標準偏差は 10 万円以内である　（ $\sigma \leq 10$ ）

　　　　$H_1$：給与の標準偏差は 10 万円を超える　　（ $\sigma > 10$ ）

となる。

　標本から得られるデータをもとに、母標準偏差 $\sigma$ の信頼区間を調べる。

　標本平均と標本分散は

$$\bar{x} = \frac{12 + 10 + 25 + 28 + 15 + 10 + 30 + 40 + 50 + 40}{10} = 26$$

$$S_x^2 = \frac{14^2 + 16^2 + 1^2 + 2^2 + 11^2 + 16^2 + 4^2 + 14^2 + 24^2 + 14^2}{10} = 181.8$$

となり、母分散を $\sigma^2$ とすると、$\chi^2$ は

$$\chi^2 = \frac{nS_x^2}{\sigma^2} = \frac{10 \times 181.8}{\sigma^2} = \frac{1818}{\sigma^2}$$

となる。

ここでは、少し趣向を変えて、$\sigma$ が 10 のときの $\chi^2$ の値を、まず、求めてみよう。すると

$$\chi^2 = \frac{1818}{100} = 18.18$$

となる。その上で、この値が、自由度 9 の $\chi^2$ 分布において、どの位置にあるかを考えるのである。Microsoft EXCEL を使うと、この $\chi^2$ に対応した累積確率は

CHISQ.DIST ($\chi^2$ の値, **自由度**, TRUE)

によって、与えられる。実際に入力すると

CHISQ.DIST (18.18, 9, TRUE) = 0.9669

となる。

10% 有意水準の境界は、0.95 であるから、$\sigma = 10$ は棄却域に入っている。つまり、帰無仮説を棄却できることになる。

---

ちなみに、自由度が 9 の $\chi^2$ 分布の確率密度関数に対応したグラフは図 4-6 のようになる。累積確率は 0 から $\chi^2$ までの積分によって与えられる。

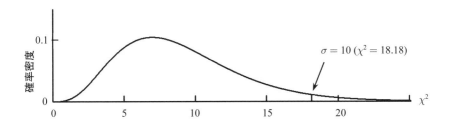

**図 4-6** 自由度が 9 の $\chi^2$ 分布: $\sigma = 10$ ($\chi^2 = 18.18$) は累積確率が 0.9669 の位置にある。

$\sigma = 10$ に対応した $\chi^2$ は、18.18 で図の位置となる。この点までの累積確率は 0.9669 となり、10% 水準の 0.95 の外側、つまり、棄却域に位置する。

よって、この検定結果からは、給与格差が 10 万円を超えていると結論できるので、組合は会社側に改善を申し入れることができる。

ただし、有意水準を 5% に上げると、境界は 0.975 となり、帰無仮説は棄却域には入らない。よって、この場合は給与格差が 10 万円を超えているとは言えないことになる。このように、統計検定においては、有意水準を変えると、結論が異なる場合があることに注意が必要である。

## 4.5. $F$ 検定－分散比の検定

標本分散の比を利用することで、母分散の比の検定を行うこともできる。$F$ 分布を利用して母分散の比の検定を行う作業を $F$ **検定** ($F$ test) と呼んでいる。それでは、実際に、具体例で $F$ 検定を見てみよう。

いま、ある製麺工場に A と B の 2 つの製造ラインがあったとする。ラーメン 1 袋の目標重量は 100 [g] であるが、どうもライン B のバラツキが大きいのではないかと従業員から申し出があった。そこで、2 つのラインから製品を抜き取り検査して、重量の測定を行ってみた。ただし、納期の関係で、ライン A からは標本として 10 個抽出できたが、ライン B からは 5 個しか取り出すことができなかった。信頼係数 90% で、これら 2 つのラインに差があるかどうかを検証することを考える。ここで、それぞれのラインの標本データは

A: 102, 98, 96, 103, 104, 97, 99, 101, 98, 102 [g]

B: 96, 103, 97, 104, 102 [g]

であった。まず標本データの平均と分散を計算してみよう。

$$\overline{x}_A = \frac{102+98+96+103+104+97+99+101+98+102}{10} = 100$$

$$S_A{}^2 = \frac{2^2+2^2+4^2+3^2+4^2+3^2+1^2+1^2+2^2+2^2}{10} = 6.8$$

$$\overline{x}_B = \frac{96+103+97+104+102}{5} = 100.4$$

$$S_B{}^2 = \frac{4.4^2+2.6^2+3.4^2+3.6^2+1.6^2}{5} = 10.64$$

以上のデータをもとに、さっそく検定作業を進めてみよう。

第 4 章　統計的仮説検定

---

**演習 4-5**　つぎの帰無仮説と対立仮説

$H_0$: ライン A とライン B の製品の分散は等しい

$H_1$: ラインA とライン B の製品の分散は異なる

を 10% の有意水準で検定せよ。

---

　**解）**　これら仮説を記号で表記すると

$$H_0: \sigma_A{}^2 = \sigma_B{}^2 \qquad H_1: \sigma_A{}^2 \neq \sigma_B{}^2$$

となる。ここで、$F$ 分布は

$$\chi^2 = \frac{nS^2}{\sigma^2}$$

の関係を使うと

$$F = \frac{\chi_A{}^2}{\phi_A} \bigg/ \frac{\chi_B{}^2}{\phi_B}$$

と与えられる。ここで、$\phi_A$ および $\phi_B$ は自由度である。つぎに

$$\chi_A{}^2 = \frac{nS_A{}^2}{\sigma_A{}^2} = \frac{10 \times 6.8}{\sigma_A{}^2} = \frac{68}{\sigma_A{}^2} \qquad \chi_B{}^2 = \frac{nS_B{}^2}{\sigma_B{}^2} = \frac{5 \times 10.64}{\sigma_B{}^2} = \frac{53.2}{\sigma_B{}^2}$$

であるから、$F$ は

$$F = \frac{\chi_A{}^2 / \phi_A}{\chi_B{}^2 / \phi_B} = \frac{68 / 9\sigma_A{}^2}{53.2 / 4\sigma_B{}^2} = \frac{68}{9} \times \frac{4}{53.2} \times \frac{\sigma_B{}^2}{\sigma_A{}^2} = 0.57 \frac{\sigma_B{}^2}{\sigma_A{}^2}$$

　ここで、自由度 (9,4) で累積確率が 0.05 と 0.95 に相当する点を求めればよい。これは、Microsoft EXCEL の F.INV 関数で求めることができ

$$\text{F.INV}\,(0.05, 9, 4) = 0.275 \qquad \text{F.INV}\,(0.95, 9, 4) = 5.999$$

と与えられる。したがって

$$0.275 \leq 0.57 \frac{\sigma_B{}^2}{\sigma_A{}^2} \leq 5.999 \quad \text{から} \quad 0.482 \leq \frac{\sigma_B{}^2}{\sigma_A{}^2} \leq 10.52$$

となる。

　したがって、帰無仮説の $\sigma_A{}^2 = \sigma_B{}^2$、つまり $\sigma_B{}^2 / \sigma_A{}^2 = 1$ は採択域にあり棄却域に入っていない。

　よって、帰無仮説は棄却されず、今回の標本データからは、10% の有意水準では、この工場のライン B の製品のバラツキがライン A より大きいということは言えないことになる。

113

**演習** 4-6　チョコレートメーカーの A 社と B 社が 100 [g] と表示した板チョコを販売しているが、どうも B 社のバラツキが大きいのではないかと消費者から苦情が出た。そこで、2 社の製品の抜き取り検査をして、重量の測定を行ってみた。ただし、A 社の製品は 8 個抽出できたが、B 社からは 6 個しか取り出すことができなかった。それぞれの標本データは

$$\text{A:}\quad 102, 98, 96, 103, 102, 97, 99, 103 \text{ [g]}$$

$$\text{B:}\quad 91, 106, 94, 109, 105, 95 \text{ [g]}$$

であった。5% 有意水準でバラツキの大きさに違いがあるかを検定せよ。

**解)**　まず標本データの平均と分散を計算してみよう。

$$\bar{x}_A = \frac{102 + 98 + 96 + 103 + 102 + 97 + 99 + 103}{8} = 100$$

$$S_A{}^2 = \frac{2^2 + 2^2 + 4^2 + 3^2 + 2^2 + 3^2 + 1^2 + 3^2}{8} = 7$$

$$\bar{x}_B = \frac{91 + 106 + 94 + 109 + 105 + 95}{6} = 100$$

$$S_B{}^2 = \frac{9^2 + 6^2 + 6^2 + 9^2 + 5^2 + 5^2}{6} = 47.3$$

以上のデータをもとに、さっそく検定してみよう。ここで検定すべき帰無仮説と対立仮説としては

　　$H_0$:　A 社と B 社の製品の分散は等しい

　　$H_1$:　A 社の製品の分散は B 社の製品の分散よりも小さい

あるいは、記号で表記すると

$$H_0:\quad \sigma_A{}^2 = \sigma_B{}^2 \qquad H_1:\quad \sigma_A{}^2 < \sigma_B{}^2$$

となり、片側検定である。ここで

$$F = \frac{\chi_A{}^2}{\phi_A} \bigg/ \frac{\chi_B{}^2}{\phi_B}$$

であり

$$\chi_A{}^2 = \frac{n\,S_A{}^2}{\sigma_A{}^2} = \frac{8 \times 7}{\sigma_A{}^2} = \frac{56}{\sigma_A{}^2} \qquad\qquad \chi_B{}^2 = \frac{n\,S_B{}^2}{\sigma_B{}^2} = \frac{6 \times 47.3}{\sigma_B{}^2} = \frac{284}{\sigma_B{}^2}$$

であるから、$F$ は

第 4 章　統計的仮説検定

$$F = \frac{\chi_A{}^2/\phi_A}{\chi_B{}^2/\phi_B} = \frac{56/7\sigma_A{}^2}{284/5\sigma_B{}^2} = \frac{56}{7} \times \frac{5}{284} \times \frac{\sigma_B{}^2}{\sigma_A{}^2} = 0.141\frac{\sigma_B{}^2}{\sigma_A{}^2}$$

と与えられるが、帰無仮説では $\sigma_A{}^2 = \sigma_B{}^2$ であるから

$$F = 0.141\frac{\sigma_B{}^2}{\sigma_A{}^2} = 0.141$$

となる。ここで、自由度 $(7, 5)$（分子の自由度が 7 で分母の自由度が 5）の $F$ 分布において、下側面積が 0.05 に相当する点は 0.252 であるから

$$\text{採択域は}\quad F > 0.252 \qquad \text{棄却域は}\quad F \leq 0.252$$

と与えられる。

　よって、標本分散の値 0.141 は棄却域に入っている。よって、帰無仮説は棄却され、B 社の製品のバラツキの方が大きいということになる。

---

**演習 4-7**　時計メーカーの C 社と D 社の時計では、どうも D 社のバラツキが大きいのではないかという市場調査が出た。そこで、抜き取り検査をして、1 週間後の時計の進み具合を測ってみた。ただし、C 社の製品は 3 個、D 社の製品は 4 個測定した。それぞれの標本データは

$$\text{C: } 5, 60, 55 \text{ [s]} \qquad \text{D: } 4, 46, 80, 30 \text{ [s]}$$

であった。5% 有意水準でバラツキの大きさに違いがあるかどうかを検定せよ。

---

**解**）　まず標本データの平均と分散を計算してみよう。

$$\overline{x}_C = \frac{5+60+55}{3} = 40 \qquad\qquad S_C{}^2 = \frac{35^2 + 20^2 + 15^2}{3} = 617$$

$$\overline{x}_D = \frac{4+46+80+30}{4} = 40 \qquad\qquad S_D{}^2 = \frac{36^2 + 6^2 + 40^2 + 10^2}{4} = 758$$

以上のデータをもとに、さっそく検定してみよう。ここで検定すべき帰無仮説と対立仮説としては

　　$H_0$:　C 社製時計と D 社製時計の進み具合の分散は等しい

　　$H_1$:　C 社製時計の進み具合の分散は D 社製時計の進み具合の分散
　　　　　　よりも小さい

あるいは、記号で表記すると

115

$$H_0: \quad \sigma_C^{\ 2} = \sigma_D^{\ 2} \qquad\qquad H_1: \quad \sigma_C^{\ 2} < \sigma_D^{\ 2}$$

となり片側検定となる。ここで

$$F = \frac{\chi_C^{\ 2}}{\phi_C} \bigg/ \frac{\chi_D^{\ 2}}{\phi_D}$$

であり

$$\chi_C^{\ 2} = \frac{nS_C^{\ 2}}{\sigma_C^{\ 2}} = \frac{3 \times 617}{\sigma_C^{\ 2}} = \frac{1851}{\sigma_C^{\ 2}} \qquad\qquad \chi_D^{\ 2} = \frac{nS_D^{\ 2}}{\sigma_D^{\ 2}} = \frac{4 \times 758}{\sigma_D^{\ 2}} = \frac{3032}{\sigma_D^{\ 2}}$$

であるから、$F$ は

$$F = \frac{\chi_C^{\ 2}/\phi_C}{\chi_D^{\ 2}/\phi_D} = \frac{1851/2\sigma_C^{\ 2}}{3032/3\sigma_D^{\ 2}} = \frac{1851}{2} \times \frac{3}{3032} \times \frac{\sigma_D^{\ 2}}{\sigma_C^{\ 2}} = 0.916\frac{\sigma_D^{\ 2}}{\sigma_C^{\ 2}}$$

と与えられるが、帰無仮説では $\sigma_C^{\ 2} = \sigma_D^{\ 2}$ であるから

$$F = 0.916\frac{\sigma_D^{\ 2}}{\sigma_C^{\ 2}} = 0.916$$

となる。ここで、自由度 $(2, 3)$（分子の自由度が 2 で分母の自由度が 3）の $F$ 分布において、下側面積が 0.05 に相当する点は 0.052 であるから

採択域は　$F > 0.052$　　　　棄却域は　$F \leq 0.052$

と与えられる。

　この値は棄却域に入っていない。よって、帰無仮説は棄却できず、D 社の製品のバラツキの方が大きいとは言えないことになる。

---

　以上のように、統計的検定では、帰無仮説を棄却できるかどうかという判断がメインになる。そして、検定には、標本データから母平均を検定する $t$ 検定と、母分散を検定する $\chi^2$ 検定、そして、母分散の比を検定する $F$ 検定がある。

　これら検定は、すでに確立されており、Microsoft EXCEL の組み込み関数を利用すれば、それぞれの条件に応じて、棄却域と採択域の境界を与える $t, \chi^2, F$ の値を求めることができる。この結果、統計的検定が可能となるのである。

# 第5章　確率と確率分布

## 5.1.　確率と統計

確率 (probability) という考えは統計学にとって非常に重要な概念であり、確率にとっても統計処理は重要となる。このため確率と統計を一緒に扱う教科書も多い。それは、統計を数学的に取り扱う場合には、どうしても確率という基礎概念を理解しておく必要があるからである。それは、統計では、その対象となる数値データが**確率分布** (probability distribution) をするという仮定に基づいているからである。実際に、本書で取り扱ってきた正規分布、$t$ 分布、$\chi^2$ 分布、$F$ 分布は、すべて確率分布である。

確率という考えそのものは、それほど難解ではないが、うっかりすると、誤解や勘違いをする場合も多い。そこで、まず簡単な例で、確率と統計の関わりを考えてみる。

サイコロ (dice) を振って出た目の数を考えてみよう。当然のことながら、サイコロに仕掛けでもないかぎり、1 から 6 すべての数字の出る確率は同じである。1 の目が出る確率は 1/6 であり、4 の目が出る確率も 1/6 である。

ここで、出る目の数を変数 $x$ とし、その確率を $f(x)$ と書いてみよう。

すると

$$f(1) = \frac{1}{6} \quad f(2) = \frac{1}{6} \quad f(3) = \frac{1}{6} \quad f(4) = \frac{1}{6} \quad f(5) = \frac{1}{6} \quad f(6) = \frac{1}{6}$$

と書くことができる。このとき、$x$ はある確率に対応した変数であるので、**確率変数** (stochastic variable) と呼んでいる[13]。また、$f(x)$ のことを**確率密度関数** (probability density function) と呼ぶ。確率を $P$ という記号を使って書くと

---

[13] Stochastic は確率的という意味であるが、他の用語の「確率」はすべて probability を用いるのに対して、なぜ確率変数だけこのように呼ぶのか理由はよくわからない。また、確率変数のことを random variable とも呼ぶ。

$$P(x=4)=\frac{1}{6}$$

のようになる。つまり、$x=4$ となる確率が 1/6 という意味である。

サイコロの出る目がとる値は飛び飛びとなっているが、このような分布を**離散型分布** (discrete distribution) と呼んでいる。また、$x$ のことを**離散型変数** (discrete variable) と呼ぶ。

ここで、$f(x)$ の和を計算してみよう。すると

$$\sum_{i=1}^{6} f(x_i)=f(1)+f(2)+f(3)+f(4)+f(5)+f(6)=1$$

のように 1 となる。起こり得る確率を全部足せば 1 となるのは当然である。逆に、あらゆる確率を足して 1 にならなければ、何か事象を見落としていることになる。

また、確率は負の値になることがないから $f(x)\geq0$ という条件も付加される。それではつぎに、$x$ と $f(x)$ を掛けて、その和をとってみよう。すると

$$\sum_{i=1}^{6} x_i f(x_i)=1f(1)+2f(2)+3f(3)+4f(4)+5f(5)+6f(6)$$

$$=\frac{1+2+3+4+5+6}{6}=\frac{21}{6}=3.5$$

となる。これは、出る目の数に確率を掛けて足したもの（確率変数に確率関数を掛けて足したもの）であるが、専門的には確率変数の**期待値** (expectation value) と呼んでいる。これがなぜ期待値と呼ばれるかを簡単な例で確認してみよう。

---

**演習 5-1**　いま 1 本 100 円の宝くじがあり、1 等賞金が 1 万円、2 等賞金が 1000 円、3 等賞金が 500 円とする。ただし、宝くじの枚数は全部で 1000 枚あり、1 等は 1 枚、2 等は 10 枚、3 等は 50 枚とする。ここで、1 本の宝くじを引いたときに獲得できる金額、つまり、期待値を求めよ。

---

**解**）　それぞれのくじのあたる確率を求める。すると、1 等のあたる確率は 1/1000、2 等のあたる確率は 10/1000 (=1/100)、3 等のあたる確率は 50/1000 (=1/20) となり、はずれる確率は 939/1000 となる。

ここで期待値を計算すると

$$\sum_{i=1}^{n} x_i f(x_i) = 10000 f(10000) + 1000 f(1000) + 500 f(500)$$

$$= 10000 \frac{1}{1000} + 1000 \frac{1}{100} + 500 \frac{1}{20} + 0 \frac{939}{1000} = 10 + 10 + 25 = 45$$

となる。

これは 100 円の宝くじを買ったときに、1 本あたり 45 円を期待してよいことになる。これが期待値と呼ばれる所以である。ただし、この値は正式には「確率変数 $x$ の期待値」である。「期待値」の英語の "expectation value" の頭文字 $E$ を使って $E[x]$、あるいは $<x>$ と表記する場合もある。

たとえば、$x^2$ の期待値、つまり $E[x^2]$ というものも考えることができ、サイコロの例では

$$E\left[x^2\right] = \sum_{i=1}^{6} x_i^2 f(x_i) = 1^2 f(1) + 2^2 f(2) + 3^2 f(3) + 4^2 f(4) + 5^2 f(5) + 6^2 f(6)$$

$$= \frac{1+4+9+16+25+36}{6} = \frac{91}{6} = 15.17$$

となる。この例の他にもいろいろな変数の期待値を求めることができる。一般に関数 $\phi(x)$ の期待値は

$$E\left[\phi(x)\right] = \sum_{i=1}^{n} \phi(x_i) f(x_i)$$

と与えられる。

その例を紹介する前に、サイコロの目の平均値 ($\bar{x}$) を求めると

$$\bar{x} = \frac{1+2+3+4+5+6}{6} = 3.5$$

となり、$x$ の期待値と一致している。これは何も偶然ではなく、$x$ にそれが出る確率を掛けて足したものは、$x$ の平均値となる。

$$\bar{x} = E\left[x\right]$$

後ほど紹介するが、これは何もサイコロの例だけではなく、すべての確率分布で成立する事実である。

**演習 5-2** サイコロの出目について、$\phi(x) = (x - \overline{x})^2$ の期待値を計算せよ。

**解）** $\overline{x} = 3.5$ であったので

$$E\left[(x - \overline{x})^2\right] = \sum_{i=1}^{6}(x_i - \overline{x})^2 f(x_i)$$

$$= (1 - 3.5)^2 f(1) + (2 - 3.5)^2 f(2) + (3 - 3.5)^2 f(3)$$

$$+ (4 - 3.5)^2 f(4) + (5 - 3.5)^2 f(5) + (6 - 3.5)^2 f(6) = \frac{17.5}{6} = 2.9$$

となる。

　実はこの値は、すでに何度か紹介した**分散** (variance) に対応する。実際に、サイコロの出目で考えてみよう。この場合の成分は

$$(1, 2, 3, 4, 5, 6)$$

となる。この集団の分散を計算すれば

$$\sigma^2 = \frac{1}{6}\sum_{i}^{6}(x_i - \overline{x})^2 = \frac{(1 - 3.5)^2 + (2 - 3.5)^2 + ... + (6 - 3.5)^2}{6} = 2.9$$

となって、$\phi(x) = (x - \overline{x})^2$ の期待値と一致する。

　いまの場合、出る目の確率がすべて同じであったが

$$f(1) = \frac{1}{12} \quad f(2) = \frac{2}{12} \quad f(3) = \frac{3}{12} \quad f(4) = \frac{3}{12} \quad f(5) = \frac{2}{12} \quad f(6) = \frac{1}{12}$$

のように違っている場合はどうなるであろうか。この場合もまったく同様の手法で期待値を計算することができる。

$$E\left[x\right] = \sum_{i=1}^{6} x_i f(x_i) = 1f(1) + 2f(2) + 3f(3) + 4f(4) + 5f(5) + 6f(6)$$

$$= \frac{1 + 4 + 9 + 12 + 10 + 6}{12} = \frac{42}{12} = 3.5$$

$$E\left[(x - \overline{x})^2\right] = \sum_{i=1}^{6}(x_i - \overline{x})^2 f(x_i)$$

$$= (1 - 3.5)^2 f(1) + (2 - 3.5)^2 f(2) + (3 - 3.5)^2 f(3)$$

$$+ (4 - 3.5)^2 f(4) + (5 - 3.5)^2 f(5) + (6 - 3.5)^2 f(6) = \frac{23}{12} = 1.9$$

となる。実は、これら期待値は

第 5 章　確率と確率分布

$$1, 2, 2, 3, 3, 3, 4, 4, 4, 5, 5, 6$$

という要素の数が 12 個の集団の平均および分散となっている。実際に計算して
みると

$$\overline{x} = \frac{1+2+2+3+3+3+4+4+4+5+5+6}{12} = \frac{42}{12} = 3.5$$

$$S^2 = \sum_{i=1}^{n} \frac{(x_i - \overline{x})^2}{n} = \frac{(x_1 - 3.5)^2 + (x_2 - 3.5)^2 + ... + (x_{12} - 3.5)^2}{12}$$

$$= \frac{(1-3.5)^2 + (2-3.5)^2 + ... + (6-3.5)^2}{12} = \frac{23}{12} = 1.9$$

となって確かに同じ値が得られる。

　実は、この集団から、任意の標本を取り出して、それが 3 である確率が 3/12
($=f(3)$)、6 である確率が 1/12 ($=f(6)$) となっている。そして、確率分布におい
て、すべての $f(x)$ を足せば 1 になる。

---

**演習** 5-3　2 個のサイコロを投げた場合の出る目の和を確率変数 $x$ としたとき、
$x$ および $\phi(x) = (x - \overline{x})^2$ の期待値を求めよ。ただし $\overline{x}$ は平均値である。

---

　**解)**　2 個のサイコロを投げた場合の出目の数の和と、その数字が出るサイコ
ロの出目の組み合わせおよび頻度を順次取り出してみると

| 出目の和 | 出目のパターン | | | | | | 頻度 |
|---|---|---|---|---|---|---|---|
| 2 | (1, 1) | | | | | | 1 |
| 3 | (1, 2) | (2, 1) | | | | | 2 |
| 4 | (1, 3) | (2, 2) | (3, 1) | | | | 3 |
| 5 | (1, 4) | (2, 3) | (3, 2) | (4, 1) | | | 4 |
| 6 | (1, 5) | (2, 4) | (3, 3) | (4, 2) | (5, 1) | | 5 |
| 7 | (1, 6) | (2, 5) | (3, 4) | (4, 3) | (5, 2) | (6, 1) | 6 |
| 8 | (2, 6) | (3, 5) | (4, 4) | (5, 3) | (6, 2) | | 5 |
| 9 | (3, 6) | (4, 5) | (5, 4) | (6, 3) | | | 4 |
| 10 | (4, 6) | (5, 5) | (6, 4) | | | | 3 |
| 11 | (5, 6) | (6, 5) | | | | | 2 |
| 12 | (6, 6) | | | | | | 1 |

となる。うまい具合に、この図自体がすでに度数分布表となっている。すべての取り得る総数は 36 通りであるから、出目の和を確率変数としたときの確率は

$$f(2) = \frac{1}{36} \quad f(3) = \frac{2}{36} \quad f(4) = \frac{3}{36} \quad f(5) = \frac{4}{36} \quad f(6) = \frac{5}{36} \quad f(7) = \frac{6}{36}$$

$$f(8) = \frac{5}{36} \quad f(9) = \frac{4}{36} \quad f(10) = \frac{3}{36} \quad f(11) = \frac{2}{36} \quad f(12) = \frac{1}{36}$$

となる。よって、$x$ の期待値は

$$E[x] = \sum_{x=2}^{12} x f(x) = 2 \times \frac{1}{36} + 3 \times \frac{2}{36} + \ldots + 12 \times \frac{1}{36} = \frac{252}{36} = 7$$

となる。また、$\phi(x) = (x - \overline{x})^2$ の期待値は

$$E\left[(x - \overline{x})^2\right] = \sum_{x=2}^{12} (x - \overline{x})^2 f(x)$$

$$= (2-7)^2 \times \frac{1}{36} + (3-7)^2 \times \frac{2}{36} + \ldots + (12-7)^2 \times \frac{1}{36} = \frac{210}{36} = 5.83$$

となる。

---

　これは、確率を主体に考えた整理方法であるが、統計的な側面を前面に出せば、出目の和が 2 の成分が 1 個、3 の成分が 2 個、4 の成分が 3 個といったように確率変数の頻度の数だけ、その成分を含んだ集団

$$2, 3, 3, 4, 4, 4, 5, 5, 5, 5, 6, 6, 6, 6, 6, 7, 7, 7, 7, 7, 7,$$
$$8, 8, 8, 8, 8, 9, 9, 9, 9, 10, 10, 10, 11, 11, 12$$

を統計的に処理する操作に相当する。そこで、まずこの集団の平均をとると、全部で 36 個の標本からなり、総和が 252 であるから

$$\overline{x} = \frac{252}{36} = 7$$

となって、演習 5-3 で求めた確率変数 $x$ の期待値 $E[x]$ と一致することがわかる。
　それでは、この数グループの分散を計算してみよう。分散は

$$\sigma^2 = \sum_{i}^{n} \frac{(x_i - \overline{x})^2}{n} = \frac{(2-7)^2 + (3-7)^2 + \ldots + (12-7)^2}{36} = \frac{210}{36} = 5.83$$

となって、この値も、演習 5-3 で求めた期待値と一致する。つまり

第 5 章　確率と確率分布

$$\sigma^2 = E\left[\left(x - \overline{x}\right)^2\right]$$

という関係にある。

## 5. 2.　連続型確率変数

　この考えは、分布が離散的ではなく連続的な場合にも、そのまま適用できる。
この場合の変数を**連続型変数** (continuous variable) と呼んでいる。この場合 $f(x)$
は飛び飛びの値ではなく、連続的に変化するので、適当な関数で表現できれば非
常に便利である。このとき

$$\int_{-\infty}^{+\infty} f(x)dx = 1 \qquad f(x) \geq 0$$

という条件を満足する必要がある。これは確率を全空間で足し合わせれば 1 に
なるという事実を積分形で表現したものである。つぎに、確率変数 $x$ の期待値は

$$E\left[x\right] = \int_{-\infty}^{+\infty} x f(x)dx$$

と計算できる。これはこの分布における $x$ の平均値 $\mu$ に相当する。同様にして

$$E\left[(x-\mu)^2\right] = \int_{-\infty}^{+\infty} (x-\mu)^2 f(x)dx$$

はこの分布の分散 $\sigma^2$ を与える。より一般的には、関数 $\phi(x)$ の期待値は

$$E\left[\phi(x)\right] = \int_{-\infty}^{+\infty} \phi(x) f(x)dx$$

と与えられる。

　ここで、これら期待値を計算する前に、連続型の確率密度関数の代表例として
正規分布の場合に、確率と統計との接点を確認してみる。いま正規分布に対応し
た確率密度関数は

$$f(x) = \frac{1}{\sigma\sqrt{2\pi}} \exp\left(-\frac{(x-\mu)^2}{2\sigma^2}\right)$$

であった。そして、この関数を全空間で積分すると

$$\int_{-\infty}^{+\infty} \frac{1}{\sigma\sqrt{2\pi}} \exp\left(-\frac{(x-\mu)^2}{2\sigma^2}\right)dx = 1$$

*123*

のように1になる。この結果は、確率を全部足したら1になるという事実に対応している。ガウス関数の係数を適当に変形して、全空間の積分値が1になるようにする操作を**規格化** (normalization) と呼んでいる。この操作でガウス関数が確率密度に対応したものとなる。

ここで、確率変数がある範囲 $a \leq x \leq b$ にある確率を $P\left(a \leq x \leq b\right)$ と書くと

$$P\left(a \leq x \leq b\right) = \int_a^b \frac{1}{\sigma\sqrt{2\pi}} \exp\left(-\frac{(x-\mu)^2}{2\sigma^2}\right) dx$$

となる。よって、確率変数では、必ず

$$P\left(-\infty \leq x \leq \infty\right) = 1$$

となることもわかる。

もし、これを度数分布にしたいのであれば、確率密度関数 $f(x)$ に標本の総数 $N$ を掛ければよい。つまり

$$G(x) = \frac{N}{\sigma\sqrt{2\pi}} \exp\left(-\frac{(x-\mu)^2}{2\sigma^2}\right)$$

と変形すれば、この関数はそのまま標本数の分布に相当するのである。当然のことながら、全空間で、この関数を積分すると

$$\int_{-\infty}^{+\infty} \frac{N}{\sigma\sqrt{2\pi}} \exp\left(-\frac{(x-\mu)^2}{2\sigma^2}\right) dx = N$$

のように、標本の総数が得られる。つまり、度数分布と確率分布は実質的には同じものとみなせるのである。

このように統計で導入した正規分布関数は、確率密度関数であり、統計と確率は表裏一体をなしているのである。

## 5.3. 期待値と不偏推定値

正規分布において、標本平均や標本分散から母集団の**不偏推定値** (un-biased estimate) を求めるという手法を第 3 章で紹介した。このとき、不偏という意味は、それが母数として大きくも、小さくもない、つまり偏っていない値という意味になる。実は、不偏推定値は確率変数の**期待値** (expectation value) というかた

第5章　確率と確率分布

ちで求めることができる。

　たとえば、正規分布における母平均の不偏推定値は変数 $x$ に期待される値である。よって正規分布関数を

$$f(x) = \frac{1}{\sigma\sqrt{2\pi}} \exp\left(-\frac{(x-\mu)^2}{2\sigma^2}\right)$$

とすると

$$E[x] = \int_{-\infty}^{+\infty} x f(x) dx$$

が $x$ の期待値あるいは平均となる。

---

演習 5-4　　正規分布における確率変数 $x$ の期待値 $E[x]$ を計算せよ。

$$E[x] = \int_{-\infty}^{+\infty} x f(x) dx$$

---

　解）

$$E[x] = \int_{-\infty}^{+\infty} \frac{x}{\sigma\sqrt{2\pi}} \exp\left(-\frac{(x-\mu)^2}{2\sigma^2}\right) dx$$

ここで、$t = x - \mu$ という変換を行うと、$dt = dx$ であるから

$$E[x] = \int_{-\infty}^{+\infty} \frac{t+\mu}{\sigma\sqrt{2\pi}} \exp\left(-\frac{t^2}{2\sigma^2}\right) dt$$

$$= \int_{-\infty}^{+\infty} \frac{t}{\sigma\sqrt{2\pi}} \exp\left(-\frac{t^2}{2\sigma^2}\right) dt + \int_{-\infty}^{+\infty} \frac{\mu}{\sigma\sqrt{2\pi}} \exp\left(-\frac{t^2}{2\sigma^2}\right) dt$$

最初の積分では、被積分関数が奇関数であるから

$$\int_{-\infty}^{+\infty} \frac{t}{\sigma\sqrt{2\pi}} \exp\left(-\frac{t^2}{2\sigma^2}\right) dt = 0$$

となる。つぎの積分は係数を積分の外に出すと

$$\int_{-\infty}^{+\infty} \frac{\mu}{\sigma\sqrt{2\pi}} \exp\left(-\frac{t^2}{2\sigma^2}\right) dt = \frac{\mu}{\sigma\sqrt{2\pi}} \int_{-\infty}^{+\infty} \exp\left(-\frac{t^2}{2\sigma^2}\right) dt$$

であるが、これはまさにガウス積分であり

$$\int_{-\infty}^{+\infty} \exp\left(-\frac{t^2}{2\sigma^2}\right) dt = \sqrt{2\sigma^2\pi} = \sigma\sqrt{2\pi}$$

と計算できる。

---

**ガウス積分の公式**

$$\int_{-\infty}^{+\infty} \exp\left(-ax^2\right) dx = \sqrt{\frac{\pi}{a}}$$

上記式では

$$a = \frac{1}{2\sigma^2} \qquad \text{であるので} \qquad \sqrt{\frac{\pi}{a}} = \sqrt{2\sigma^2\pi} = \sigma\sqrt{2\pi}$$

---

結局

$$E[x] = \int_{-\infty}^{+\infty} \frac{x}{\sigma\sqrt{2\pi}} \exp\left(-\frac{(x-\mu)^2}{2\sigma^2}\right) dx = \mu$$

となって、正規分布において $x$ の期待値は平均の $\mu$ となる。

---

**演習** 5-5  平均が $\mu$ で、標準偏差が $\sigma$ の正規分布において、 $\phi(x) = (x-\mu)^2$ の期待値を求めよ。

---

**解**)  この期待値は

$$E\left[(x-\mu)^2\right] = \int_{-\infty}^{+\infty} \frac{(x-\mu)^2}{\sigma\sqrt{2\pi}} \exp\left(-\frac{(x-\mu)^2}{2\sigma^2}\right) dx$$

という積分で与えられる。

まず $t = x - \mu$ の変数変換を行うと

$$\int_{-\infty}^{+\infty} \frac{(x-\mu)^2}{\sigma\sqrt{2\pi}} \exp\left(-\frac{(x-\mu)^2}{2\sigma^2}\right) dx = \int_{-\infty}^{+\infty} \frac{t^2}{\sigma\sqrt{2\pi}} \exp\left(-\frac{t^2}{2\sigma^2}\right) dt$$

と変形できる。

ここで被積分関数を

$$\frac{t^2}{\sigma\sqrt{2\pi}} \exp\left(-\frac{t^2}{2\sigma^2}\right) = \frac{t}{\sigma\sqrt{2\pi}} \left\{ t\exp\left(-\frac{t^2}{2\sigma^2}\right) \right\}$$

のように分解して、**部分積分** (integration by parts) を利用する[14]。

---

[14] 部分積分は $(fg)' = f'g + fg'$ より $\int f'g = fg - \int fg'$ という積分公式である。

第 5 章　確率と確率分布

このとき

$$\left\{\exp\left(-\frac{t^2}{2\sigma^2}\right)\right\}' = \left(-\frac{2t}{2\sigma^2}\right)\left\{\exp\left(-\frac{t^2}{2\sigma^2}\right)\right\} = \left(-\frac{1}{\sigma^2}\right)\left\{t\exp\left(-\frac{t^2}{2\sigma^2}\right)\right\}$$

であることに注意すれば

$$\int_{-\infty}^{+\infty}\frac{t^2}{\sigma\sqrt{2\pi}}\exp\left(-\frac{t^2}{2\sigma^2}\right)dt = \left[-\frac{\sigma t}{\sqrt{2\pi}}\exp\left(-\frac{t^2}{2\sigma^2}\right)\right]_{-\infty}^{+\infty} + \int_{-\infty}^{+\infty}\frac{\sigma}{\sqrt{2\pi}}\exp\left(-\frac{t^2}{2\sigma^2}\right)dt$$

と変形できる。

右辺の第 1 項は分子分母の微分をとって、$t \to \pm\infty$ の極限を求めると

$$\lim_{t\to\infty}\frac{\sigma t}{\sqrt{2\pi}}\exp\left(-\frac{t^2}{2\sigma^2}\right) = \lim_{t\to\infty}\frac{(\sigma t)'}{\left\{\sqrt{2\pi}\exp\left(t^2/2\sigma^2\right)\right\}'} = \lim_{t\to\infty}\frac{\sigma}{\left[\dfrac{t\sqrt{2\pi}}{\sigma^2}\exp\left(t^2/2\sigma^2\right)\right]} = 0$$

のように 0 となる[15]。

つぎに、第 2 項はまさにガウス積分であり

$$\int_{-\infty}^{+\infty}\frac{\sigma}{\sqrt{2\pi}}\exp\left(-\frac{t^2}{2\sigma^2}\right)dt = \frac{\sigma}{\sqrt{2\pi}}\sqrt{2\sigma^2\pi} = \sigma^2$$

となって、確かに

$$E\left[(x-\mu)^2\right] = \int_{-\infty}^{+\infty}\frac{(x-\mu)^2}{\sigma\sqrt{2\pi}}\exp\left(-\frac{(x-\mu)^2}{2\sigma^2}\right)dx = \sigma^2$$

となる。

---

つまり、正規分布の分散 $\sigma^2$ となることが確かめられる。

ここで、$E\left[(x-\mu)^2\right] = \sigma^2$ の関係から、関数

$$\phi(x) = (x-\mu)^2$$

---

[15] 分子分母が無限大 ( $f(x)/g(x) = \infty/\infty$ ) となる場合の極限は、それぞれの微分をとっ
て、その極限値 ( $f'(x)/g'(x)$ ) を求めればよい。ロピタルの定理である。

*127*

の期待値が確率変数 $x$ の**分散** (variance) に対応することがわかっているので、variance の頭文字 $V$ を使って

$$E\left[(x-\mu)^2\right]=V\left[x\right]$$

と表記する場合もある。いま紹介したのは、正規分布関数であるが、一般の確率密度関数 $f(x)$ に対しても

$$V\left[x\right]=E\left[(x-\mu)^2\right]=\int_{-\infty}^{+\infty}(x-\mu)^2 f(x)dx$$

という関係が成立する。ここで、この積分を変形してみよう。

$$\int_{-\infty}^{+\infty}(x-\mu)^2 f(x)dx=\int_{-\infty}^{+\infty}(x^2-2\mu x+\mu^2)f(x)dx$$

$$=\int_{-\infty}^{+\infty}x^2 f(x)dx-2\mu\int_{-\infty}^{+\infty}xf(x)dx+\mu^2\int_{-\infty}^{+\infty}f(x)dx$$

すると、右辺の第 1 項は $x^2$ の期待値になる。第 2 項の積分は $x$ の期待値であるから平均 $\mu$ となる。第 3 項の積分は確率変数 $f(x)$ を全空間で積分したものであるから 1 である。よって

$$E\left[x^2\right]-2\mu E\left[x\right]+\mu^2=E\left[x^2\right]-2\mu^2+\mu^2=E\left[x^2\right]-\mu^2$$

と変形することができる。結局

$$V\left[x\right]=E\left[(x-\mu)^2\right]=E\left[x^2\right]-\mu^2$$

と与えられる。

これは、分散公式そのものである。この式は

$$V\left[x\right]=E\left[x^2\right]-\left(E\left[x\right]\right)^2$$

と表記することも多い。

つぎに、期待値が有する性質をここでいくつか整理しておこう。まず、期待値の一般表式として、ある関数 $\phi(x)$ に対する期待値は

$$E\left[\phi(x)\right]=\int_{-\infty}^{+\infty}\phi(x)f(x)dx$$

で与えられる。

第 5 章　確率と確率分布

---

**演習** 5-6　$\phi(x)$ が定数の場合の期待値を求めよ。

---

**解）**　$\phi(x) = a$ であるから

$$E[a] = \int_{-\infty}^{+\infty} a f(x) dx = a \int_{-\infty}^{+\infty} f(x) dx$$

となるが、確率密度関数の性質から

$$\int_{-\infty}^{+\infty} f(x) dx = 1$$

であるから

$$E[a] = a$$

となる。

---

したがって、定数の期待値は、そのまま定数の値となる。それでは

$$\phi(x) = ax + b$$

の場合はどうであろうか。

$$E[ax+b] = \int_{-\infty}^{+\infty} (ax+b) f(x) dx = a \int_{-\infty}^{+\infty} x f(x) dx + b \int_{-\infty}^{+\infty} f(x) dx$$

のように変形できるが、$E[x] = \int_{-\infty}^{+\infty} x f(x) dx$ であるので

$$E[ax+b] = aE[x] + b$$

となり、同様にして

$$\phi(x) = ax^2 + bx + c$$

の場合には

$$E[ax^2 + bx + c] = aE[x^2] + bE[x] + c$$

という関係が成立することがわかる。

よって、一般の $n$ 次関数に対して

$$E[a_0 + a_1 x + a_2 x^2 + \ldots + a_n x^n] = a_0 + a_1 E[x] + a_2 E[x^2] + \ldots + a_n E[x^n]$$

という関係が成立することになる。このように分配の法則が成り立つということを別な表現で書くと

$$\phi(x) = g(x) + h(x)$$

の場合

$$E[\phi(x)] = E[g(x) + h(x)] = E[g(x)] + E[h(x)]$$

となること、また

$$\phi(x) = 2g(x)$$

ならば

$$E[\phi(x)] = E[2g(x)] = E[g(x)] + E[g(x)]$$

となることもわかる。

　期待値にこのような性質があることを踏まえて、標本平均および標本分散の期待値と母数の期待値との関係を調べてみよう。

　標本平均は

$$\bar{x} = \frac{x_1 + x_2 + ... + x_n}{n} = \frac{1}{n}(x_1 + x_2 + ... + x_n)$$

であった。

---

**演習** 5-7　標本平均の期待値 $E[\bar{x}]$ を求めよ。

---

　**解**）　$\bar{x} = \dfrac{1}{n}(x_1 + x_2 + ... + x_n)$ であるから

$$E[\bar{x}] = \frac{1}{n}\big(E[x_1] + E[x_2] + ... + E[x_n]\big)$$

と変形できる。ここで、それぞれ成分の期待値は母平均 $\mu$ であるから

$$E[\bar{x}] = \frac{1}{n}\big(E[x_1] + E[x_2] + ... + E[x_n]\big) = \frac{1}{n}\big(\mu + \mu + ... + \mu\big) = \frac{n\mu}{n} = \mu$$

となって、結局、標本平均の期待値は母平均となる。

---

*130*

第 5 章　確率と確率分布

それでは標本分散はどうであろうか。標本分散 $S_x{}^2$ は

$$S_x{}^2 = \frac{(x_1 - \overline{x})^2 + (x_2 - \overline{x})^2 + (x_3 - \overline{x})^2 + ... + (x_n - \overline{x})^2}{n}$$

である。よって、$E\left[(x-\overline{x})^2\right]$ の値がわかれば、分配の法則を使ってすぐに計算ができそうである。ただし問題がある。それは、本来の母分散は母平均の $\mu$ を使って

$$\sigma^2 = E\left[(x - \mu)^2\right]$$

と与えられるからである。よって、$S_x{}^2$ を求めるためには、工夫が必要となる。

---

**演習 5-8**　標本分散 $S_x{}^2$ の期待値 $E[S_x{}^2]$ を求めよ。

---

　**解）**　標本分散 $S_x{}^2$ をつぎのように変形する。

$$S_x{}^2 = \frac{(x_1 - \mu - \overline{x} + \mu)^2 + (x_2 - \mu - \overline{x} + \mu)^2 + ... + (x_n - \mu - \overline{x} + \mu)^2}{n}$$

ここでカッコ内をふたつの成分に分けると

$$S_x{}^2 = \frac{((x_1 - \mu) - (\overline{x} - \mu))^2 + ((x_2 - \mu) - (\overline{x} - \mu))^2 + ... + ((x_n - \mu) - (\overline{x} - \mu))^2}{n}$$

となる。さらに、平方を開いて整理すると

$$S_x{}^2 = \frac{(x_1 - \mu)^2 + ... + (x_n - \mu)^2}{n} - \frac{2(x_1 - \mu) + ... + 2(x_n - \mu)}{n}(\overline{x} - \mu) + (\overline{x} - \mu)^2$$

と変形できる。ここで、右辺の第 2 項にある $(\overline{x} - \mu)$ の係数は

$$\frac{2(x_1 - \mu) + ... + 2(x_n - \mu)}{n} = 2\left(\frac{x_1 + x_2 + ... + x_n}{n} - \mu\right) = 2(\overline{x} - \mu)$$

であるから、結局

$$S_x{}^2 = \frac{(x_1 - \mu)^2 + ... + (x_n - \mu)^2}{n} - 2(\overline{x} - \mu)^2 + (\overline{x} - \mu)^2$$

$$= \frac{(x_1 - \mu)^2 + ... + (x_n - \mu)^2}{n} - (\overline{x} - \mu)^2$$

と変形できる。

　ここで期待値をあらためて計算してみる。

$$E\left[S_x^{\,2}\right] = \frac{1}{n}\left\{E\left[(x_1-\mu)^2\right]+...+E\left[(x_n-\mu)^2\right]\right\} - E\left[(\bar{x}-\mu)^2\right]$$

と書くことができる。ここで $E\left[(x_i-\mu)^2\right]=\sigma^2$ である。問題は $E\left[(\bar{x}-\mu)^2\right]$ の値であるが、これは標本平均の分散であるので

$$E\left[(\bar{x}-\mu)^2\right] = \frac{\sigma^2}{n}$$

であった。よって

$$E\left[S_x^{\,2}\right] = \frac{1}{n}\left(\sigma^2+\sigma^2+...+\sigma^2\right) - \frac{\sigma^2}{n} = \sigma^2 - \frac{\sigma^2}{n} = \frac{n-1}{n}\sigma^2$$

が標本分散の期待値となる。

---

　このように、標本分散の期待値は母分散とはならないので、母分散の不偏推定値として使うためには補正が必要となり、母分散の不偏推定値は

$$\hat{\sigma}^2 = \frac{n}{n-1}S_x^{\,2}$$

となる。

　それでは、標準偏差の不偏推定値はどうなるであろうか。単純に考えれば

$$\hat{\sigma} = \sqrt{\frac{n}{n-1}}\,S_x$$

となりそうである。実は、第3章で紹介したように、この値は不偏推定値とならないのである。その理由は、標本分散は

$$S_x^{\,2} = \frac{(x_1-\bar{x})^2+...+(x_n-\bar{x})^2}{n}$$

と与えられるので

$$E\left[S_x^{\,2}\right] = \frac{1}{n}\left\{E\left[(x_1-\bar{x})^2\right]+...+E\left[(x_n-\bar{x})^2\right]\right\}$$

のように、項別に分解できるので、$E\left[(x_i-\bar{x})^2\right]$ が計算できれば、期待値を求め

第 5 章　確率と確率分布

ることが可能である。しかし、標準偏差の場合には

$$S_x = \sqrt{\frac{(x_1 - \overline{x})^2 + ... + (x_n - \overline{x})^2}{n}}$$

となるから、上で示した項別分解ができないのである。このため、別のアプロー
チが必要となる。では、どうするか。それは

$$(x_1 - \overline{x})^2 + ... + (x_n - \overline{x})^2$$

という和が従う確率分布を利用するのである。ここで、第 3 章で、$\chi^2$ 分布を紹介
した。この分布には、つぎの確率変数が従う。

$$\chi^2 = \frac{(x_1 - \overline{x})^2 + ... + (x_n - \overline{x})^2}{\sigma^2}$$

　したがって、$\chi^2$ 分布の確率密度関数を利用すれば、期待値を計算することが可
能になる。この手法については、第 7 章で、$\chi^2$ 分布の確率密度関数の導入を行っ
た後に紹介する。


## 5.4.　モーメント母関数

　$f(x)$ を確率密度関数とすると、ある関数 $\phi(x)$ に対する期待値は

$$E[\phi(x)] = \int_{-\infty}^{+\infty} \phi(x) f(x) dx$$

と与えられる。このとき

$$E[x] = \int_{-\infty}^{+\infty} x f(x) dx \qquad E[x^2] = \int_{-\infty}^{+\infty} x^2 f(x) dx \qquad E[x^3] = \int_{-\infty}^{+\infty} x^3 f(x) dx$$

となり、一般式は

$$E[x^k] = \int_{-\infty}^{+\infty} x^k f(x) dx$$

と与えられるが、この期待値を k **次のモーメント** (moment of $k$th degree) と呼ん
でいる。よって、1 次のモーメント

$$E[x] = \int_{-\infty}^{+\infty} x f(x) dx = \mu$$

は、ある確率分布の平均値ということになる。また、分散は

133

$$E\left[(x-\mu)^2\right] = \int_{-\infty}^{+\infty} (x-\mu)^2 f(x)dx$$

と与えられるが、これを $x = \mu$ のまわりの2次のモーメントと呼んでいる。また、$t = x - \mu$ という変数変換をすれば $f(t)$ の平均が0となるので

$$E\left[t^2\right] = \int_{-\infty}^{+\infty} t^2 f(t)dt$$

と2次モーメントが分散そのものになる。ここで平均が0とすると、3次のモーメント

$$E\left[x^3\right] = \int_{-\infty}^{+\infty} x^3 f(x)dx$$

は確率分布の**ひずみ度** (skewness) と呼ばれる。

　これは分布の非対称性を与える指標となる。なぜなら、$f(x)$ が完全に左右対称であれば、言い換えれば偶関数であれば、この積分は0となるからである。つまり、分布の対称性からのゆがみ（あるいはひずみ）が大きければ大きいほど、この値も大きくなる。よって、この指標をひずみ度と呼んでいるのである。

　このように、平均が0となるような分布であれば、1次のモーメントが平均、2次のモーメントが分散、3次のモーメントがひずみ度を与えることになる。実は、これら値を一度に与える画期的な方法がある。それを紹介する。

---

**演習** 5-9　指数関数の級数展開式

$$\exp(x) = 1 + x + \frac{1}{2}x^2 + \frac{1}{3!}x^3 + \frac{1}{4!}x^4 + ... + \frac{1}{n!}x^n + ...$$

をもとに、$\phi(x) = \exp(tx)$ を展開し、その期待値を求めよ。

---

　**解）**　$\exp(x)$ の $x$ に $tx$ を代入すると

$$\exp(tx) = 1 + tx + \frac{1}{2}t^2 x^2 + \frac{1}{3!}t^3 x^3 + \frac{1}{4!}t^4 x^4 + ... + \frac{1}{n!}t^n x^n + ...$$

と展開できる。ここで $\exp(tx)$ の期待値は

$$E\left[\exp(tx)\right] = 1 + E[x]t + \frac{1}{2}E[x^2]t^2 + \frac{1}{3!}E[x^3]t^3 + \frac{1}{4!}E[x^4]t^4 + ... + \frac{1}{n!}E[x^n]t^n + ...$$

となる。

---

*134*

第 5 章　確率と確率分布

$\phi(x) = \exp(tx)$ の期待値を見ると

$$E[x], \quad E[x^2], \quad E[x^3], \quad E[x^4], ..., \quad E[x^n], ...$$

のように、$x$，$x^2$，$x^3$，$x^4$，$...,x^n$，$...$ の期待値がすべて含まれている。これらを
うまく取り出す操作ができれば、いっきに期待値の計算が可能となる。

---

**演習 5-10**　$\phi(x) = \exp(tx)$ を $t$ に関して微分したあとで、$t = 0$ を代入せよ。

---

　**解)**　　上記関数の級数展開式を $t$ に関して微分すると

$$\frac{d\left(E[\exp(tx)]\right)}{dt} = E[x] + E[x^2]t + \frac{1}{2!}E[x^3]t^2 + \frac{1}{3!}E[x^4]t^3 + ... + \frac{1}{(n-1)!}E[x^n]t^{n-1} + ...$$

となる。この式に $t = 0$ を代入すれば $E[x]$ が得られる。

---

　ここで、確率密度関数を $f(x)$ とすれば

$$E[\exp(tx)] = \int_{-\infty}^{\infty} \exp(tx)f(x)dx$$

となるから、右辺を計算したのち、$t$ で微分したうえで $t = 0$ を代入すれば、$E[x]$
が得られる。

　さらに、$t$ で微分すると

$$\frac{d^2\left(E[\exp(tx)]\right)}{dt^2} = E[x^2] + E[x^3]t + \frac{1}{2!}E[x^4]t^2 + ... + \frac{1}{(n-2)!}E[x^n]t^{n-2} + ...$$

となるが、ここで $t = 0$ を代入すると 2 次のモーメント $E[x^2]$ を求めることがで

きる。同様に、もう一度 $t$ で微分し

$$\frac{d^3\left(E[\exp(tx)]\right)}{dt^3} = E[x^3] + E[x^4]t + ... + \frac{1}{(n-3)!}E[x^n]t^{n-3} + ...$$

$t = 0$ を代入すると、3 次のモーメント $E[x^3]$ を求めることができる。

ここで $\phi(x) = \exp(tx)$ を $t$ の関数とみなして

$$M(t) = E[\exp(tx)]$$

と書き、**モーメント母関数** (moment generating function) と呼んでいる。母関数と呼ぶのは、上の例のように $t$ のべき係数が $k$ 次のモーメントとなっているため、次々とモーメントを生み出すことができるからである。

たとえば、1 次のモーメントは

$$\frac{dM(t)}{dt} = M'(t)$$

を計算して $t = 0$ を代入すればよいので、$M'(0)$ で与えられる。つぎに 2 次のモーメントは

$$\frac{d^2 M(t)}{dt^2} = M''(t)$$

を計算して $t = 0$ を代入すればよいので、$M''(0)$ で与えられる。よって、一般式と $k$ 次のモーメントは

$$E[x^k] = M^{(k)}(0)$$

と与えられることになる。

---

**演習 5-11**　平均が $\mu$、分散が $\sigma^2$ の正規分布の 1 次モーメントおよび 2 次モーメントを、モーメント母関数を利用して求めよ。

---

**解）**　この正規分布の確率密度関数は

$$f(x) = \frac{1}{\sigma\sqrt{2\pi}} \exp\left(-\frac{(x-\mu)^2}{2\sigma^2}\right)$$

と与えられる。モーメント母関数は

$$M(t) = E[\exp(tx)] = \int_{-\infty}^{+\infty} e^{tx} f(x) dx$$

と与えられるから、正規分布に対応したモーメント母関数は

$$M(t) = \int_{-\infty}^{+\infty} \exp(tx) \frac{1}{\sigma\sqrt{2\pi}} \exp\left(-\frac{(x-\mu)^2}{2\sigma^2}\right) dx$$

136

第 5 章　確率と確率分布

となる。よって

$$M(t) = \int_{-\infty}^{+\infty} \frac{1}{\sigma\sqrt{2\pi}} \exp\left(-\frac{(x-\mu)^2 - 2\sigma^2 tx}{2\sigma^2}\right) dx$$

ここで指数関数のべき項は

$$\frac{(x-\mu)^2 - 2\sigma^2 tx}{2\sigma^2} = \frac{x^2 - 2\mu x + \mu^2 - 2\sigma^2 tx}{2\sigma^2} = \frac{x^2 - 2(\mu+\sigma^2 t)x + \mu^2}{2\sigma^2}$$

と変形できるので

$$\frac{\left(x-(\mu+\sigma^2 t)\right)^2 + \mu^2 - (\mu+\sigma^2 t)^2}{2\sigma^2} = \frac{\left(x-(\mu+\sigma^2 t)\right)^2 - 2\mu\sigma^2 t - \sigma^4 t^2}{2\sigma^2}$$

$$= \frac{\left(x-(\mu+\sigma^2 t)\right)^2}{2\sigma^2} - \mu t - \frac{\sigma^2 t^2}{2}$$

よって

$$M(t) = \exp\left(\frac{\sigma^2 t^2}{2} + \mu t\right) \int_{-\infty}^{+\infty} \frac{1}{\sigma\sqrt{2\pi}} \exp\left(-\frac{x^2 - (\mu+\sigma^2 t)}{2\sigma^2}\right) dx$$

となる。

ここで積分項は、平均が $\mu + \sigma^2 t$ で、分散が $\sigma^2$ の正規分布の全空間での積分となるから、その値は 1 である。よって、モーメント母関数は

$$M(t) = \exp\left(\frac{\sigma^2 t^2}{2} + \mu t\right)$$

と与えられる。

$$M'(t) = \frac{dM(t)}{dt} = (\sigma^2 t + \mu) \exp\left(\frac{\sigma^2 t^2}{2} + \mu t\right)$$

であるので

$$M'(0) = \mu$$

つまり、1 次モーメントが平均 $\mu$ となる。つぎに

$$M''(t) = \frac{d^2 M(t)}{dt^2} = \sigma^2 \exp\left(\frac{\sigma^2 t^2}{2} + \mu t\right) + (\sigma^2 t + \mu)^2 \exp\left(\frac{\sigma^2 t^2}{2} + \mu t\right)$$

であるから 2 次のモーメントは

$$M''(0) = \sigma^2 + \mu^2$$

となる。

この結果から

$$E\left[x^2\right] = \sigma^2 + \mu^2$$

となる。

すると、分散は

$$V\left[x\right] = E\left[x^2\right] - \mu^2 = \sigma^2 + \mu^2 - \mu^2 = \sigma^2$$

のように $\sigma^2$ となる。

ついでに、3 次のモーメントを求めると 0 となることもすぐにわかる。つまり、正規分布のひずみ度は0 となる。

以上のようにモーメント母関数を用いると、平均や分散、さらにはひずみ度をいっきに計算することができる。ただし、正規分布のように完全に対称な分布では、あまり、その効用は実感できないが、後に示すように対称ではない分布の解析には大きな威力を発揮する。

## 5.5. 確率密度関数の条件

ある関数 $f(x)$ が確率密度関数になるための条件は

$$\int_{-\infty}^{+\infty} f(x)dx = 1 \qquad f(x) \geq 0$$

である。たったこれだけの条件であれば、いくらでも確率密度関数は存在するように思える。たとえば、 $a \leq x \leq b$ の範囲で一様に分布した場合の確率密度関数を求めてみよう。この場合 $f(x) = c$ と置くと

$$\int_{-\infty}^{+\infty} f(x)dx = \int_{a}^{b} cdx = \left[cx\right]_{a}^{b} = c(b-a)$$

よって $\displaystyle\int_{-\infty}^{+\infty} f(x)dx = 1$ の条件より $c(b-a) = 1$ となって

$$c = \frac{1}{b-a}$$

であるから、求める確率密度関数は

$$f(x) = \frac{1}{b-a}$$

第 5 章　確率と確率分布

となる。

---

**演習** 5-12　確率変数 $x$ の分布が

$$\begin{cases} f(x) = a - x & (0 \le x \le a) \\ \\ f(x) = 0 & (x < 0,\, x > a) \end{cases}$$

という関数に従うとき、この関数が確率密度関数となるように、$a$ の値を求めよ。また、そのときの $x$ の平均および分散を求めよ。

---

**解**)　確率密度関数の性質から

$$\int_{-\infty}^{+\infty} f(x)dx = 1$$

であるから

$$\int_{-\infty}^{+\infty} (a - x)dx = \int_0^a (a - x)dx = \left[ ax - \frac{x^2}{2} \right]_0^a = a^2 - \frac{a^2}{2} = \frac{a^2}{2} = 1$$

よって

$$a = \sqrt{2}$$

となる。つぎに平均は

$$E[x] = \int_{-\infty}^{+\infty} xf(x)dx = \int_0^{\sqrt{2}} x(\sqrt{2} - x)dx = \left[ \frac{\sqrt{2}}{2}x^2 - \frac{x^3}{3} \right]_0^{\sqrt{2}} = \frac{2\sqrt{2}}{2} - \frac{2\sqrt{2}}{3} = \frac{\sqrt{2}}{3}$$

と与えられる。

また、分散は

$$V[x] = \int_0^{\sqrt{2}} \left( x - \frac{\sqrt{2}}{3} \right)^2 (\sqrt{2} - x)dx = \int_0^{\sqrt{2}} \left( -x^3 + \frac{5\sqrt{2}}{3}x^2 - \frac{14}{9}x + \frac{2\sqrt{2}}{9} \right)dx$$

$$= \left[ -\frac{x^4}{4} + \frac{5\sqrt{2}}{9}x^3 - \frac{7}{9}x^2 + \frac{2\sqrt{2}}{9}x \right]_0^{\sqrt{2}} = -1 + \frac{20}{9} - \frac{14}{9} + \frac{4}{9} = \frac{1}{9}$$

となる。

---

*139*

この他にもいろいろな確率密度関数を任意につくりだすことができる。ただし、その中で統計で重要な意味を持つ関数はそれほど多くはない。正規分布関数は、その代表例である。

# 第6章　$t$ 分布の確率密度関数

**確率密度関数** (probability density function) の数学的な取り扱いは、それほど、簡単ではない。ただし、その数学的な背景を理解しておくことは、とても重要である。

そこで、6章から8章では、$t$ 分布、$\chi^2$ 分布、$F$ 分布に対応した確率密度関数について紹介する。本章では、まず、$t$ 分布の確率密度関数がどのようなものかを紹介する。また、統計解析に必要な特殊関数である**ガンマ関数** (gamma function) と**ベータ関数** (beta function) の導入も行う。

実は、$t$ 分布は、正規分布と相似な関係にある。すでに、紹介したように、正規分布に属する集団から標本を取り出したとき、その平均 $\mu$ が従うのが $t$ 分布であった。したがって、標本数によって分布は異なる。

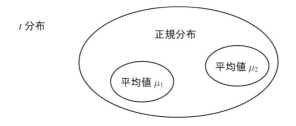

**図 6-1**　正規分布に属する集団から標本を抽出したとき、その平均 $\mu$ は $t$ 分布に従う。

ところで、$t$ 分布と正規分布には密接な関係があるとすれば、これら分布の確率密度関数も相似となるはずであるが、どうであろうか。

ここで、**正規分布** (normal distribution) に対応した確率密度関数を復習してみよう。それは

$$f(x) = \frac{1}{\sigma\sqrt{2\pi}} \exp\left(-\frac{(x-\mu)^2}{2\sigma^2}\right)$$

であった。

ただし、$t$ 分布と対応するのは

$$z = \frac{x-\mu}{\sigma}$$

という変数変換後の標準正規分布であり、確率密度関数は

$$f(z) = \frac{1}{\sqrt{2\pi}} \exp\left(-\frac{z^2}{2}\right)$$

である。というのも、$t$ 分布では

$$t = \frac{\bar{x}-\mu}{\dfrac{S_x}{\sqrt{n-1}}}$$

という変数変換を行い、標準正規分布に準じた分布として規格化しているからである。ただし、$n$ が標本数、$S_x$ は標本標準偏差、$\mu$ は母平均である。また

$$\bar{x} = \frac{x_1 + x_2 + \ldots + x_n}{n}$$

である。

## 6.1. $t$ 分布の確率密度関数

$t$ 分布に対応した確率密度関数は、自由度を $m$ とすると

$$f(x) = T_m \left(1 + \frac{x^2}{m}\right)^{-\frac{m+1}{2}} \qquad (m \geq 1)$$

と与えられる。この定義域は $-\infty < x < +\infty$ である。一般には、自由度については標本数を $n$ とすると、$\phi = n-1$ という表記を用いるが、本章では、今後の展開や計算のために自由度を $m$ と表記していることに注意されたい。

予想に反して、$t$ 分布と正規分布の確率密度関数は、似ても似つかない形をしている。その理由は、おいおい説明するとして、ここでは、定数項の $T_m$ について見てみよう。その具体的なかたちは

第6章　$t$分布の確率密度関数

$$T_m = \frac{\Gamma\left(\dfrac{m+1}{2}\right)}{\sqrt{m\pi}\;\Gamma\left(\dfrac{m}{2}\right)}$$

をしている。ここで登場するのが、**ガンマ関数** (gamma function) である。この関数にあまりなじみのない読者もおられるであろう。そこで、まず、ガンマ関数とは何かを説明することにしたい。

## 6. 2.　ガンマ関数

ガンマ関数とは**特殊関数** (special function) の一種であり、その定義は

$$\Gamma(q) = \int_0^\infty t^{q-1} e^{-t} dt \qquad (q > 0)$$

という積分となる。一見、複雑な恰好をしているが、実は、統計分野も含めて、理工系分野において大活躍する関数なのである。

---

演習 6-1　定義に従って $\Gamma(1)$ および $\Gamma(1/2)$ を計算せよ。

---

**解**）　上記の定義式の $q$ に 1 を代入すると

$$\Gamma(1) = \int_0^\infty t^{1-1} e^{-t} dt = \int_0^\infty e^{-t} dt = \left[-e^{-t}\right]_0^\infty = 1$$

となる。つぎに、$q = 1/2$ を代入すると

$$\Gamma\left(\frac{1}{2}\right) = \int_0^\infty t^{\frac{1}{2}-1} e^{-t} dt = \int_0^\infty t^{-\frac{1}{2}} e^{-t} dt$$

となるが、$t = x^2$ と変数変換すると $dt = 2x\,dx$ となるから

$$\Gamma(1/2) = 2\int_0^\infty e^{-x^2} dx$$

と変形できる。これは、まさにガウス積分であり

$$\int_0^\infty e^{-x^2} dx = \frac{1}{2}\int_{-\infty}^\infty e^{-x^2} dx = \frac{1}{2}\sqrt{\pi}$$

143

と計算できるので

$$\Gamma(1/2) = \sqrt{\pi}$$

と与えられる。

---

　このように、ガンマ関数は、$\Gamma(1) = 1$ および $\Gamma(1/2) = \sqrt{\pi}$ のように、具体的な数値は、なじみのある数となる。さらに、この関数は**階乗関数** (factorial function) とも呼ばれており

$$\Gamma(q+1) = q\Gamma(q)$$

という面白い性質を示す。つまり、$\Gamma(2) = \Gamma(1)$，$\Gamma(3) = 2\Gamma(2)$ という関係にある。

---

**演習 6-2**　$\Gamma(q+1) = q\Gamma(q)$ となることを確かめよ。ただし、$q \geq 0$ である。

---

　**解）**　定義 $\Gamma(q) = \displaystyle\int_0^\infty t^{q-1} e^{-t} dt$ から

$$\Gamma(q+1) = \int_0^\infty t^q e^{-t} dt$$

右辺に部分積分を適用すると

$$\int_0^\infty t^q e^{-t} dt = \left[-t^q e^{-t}\right]_0^\infty + q \int_0^\infty t^{q-1} e^{-t} dt$$

ここで、右辺の第 1 項は 0 であるので

$$\Gamma(q+1) = q\Gamma(q)$$

が成立する。

---

**演習 6-3**　$q$ が整数 $m$ のとき $\Gamma(m+1) = m!$ が成立することを示せ。

---

　**解）**　まず、**漸化式** (recurrence formula) から

$$\Gamma(2) = 1\Gamma(1) = 1 \qquad \Gamma(3) = 2\Gamma(2) = 2$$

となる。つぎに

第6章　t分布の確率密度関数

$$\Gamma(m+1) = m\Gamma(m) = m(m-1)\Gamma(m-1)$$

のように降下していけば

$$\Gamma(m+1) = m!$$

となる。

---

$\Gamma(1) = 1$，$\Gamma(2) = 1$，$\Gamma(3) = 2$ となり、多くのガンマ関数は漸化式を使って、簡単に計算できることになる。

---

**演習 6-4**　$t$分布の確率密度関数の定数項である $T_m$ について $m = 1, 2, 3$ に対応した値を計算せよ。

---

**解）**　$T_m = \dfrac{\Gamma\left(\dfrac{m+1}{2}\right)}{\sqrt{m\pi}\,\Gamma\left(\dfrac{m}{2}\right)}$　であるので

$$T_1 = \frac{\Gamma(1)}{\sqrt{\pi}\,\Gamma\left(\dfrac{1}{2}\right)} = \frac{1}{\sqrt{\pi}\cdot\sqrt{\pi}} = \frac{1}{\pi}$$

$T_2 = \dfrac{\Gamma\left(\dfrac{3}{2}\right)}{\sqrt{2\pi}\,\Gamma(1)}$　となるが

$$\Gamma\left(\frac{3}{2}\right) = \frac{1}{2}\Gamma\left(\frac{1}{2}\right) = \frac{\sqrt{\pi}}{2}\quad\text{から}\quad T_2 = \frac{1}{2\sqrt{2}}$$

$T_3 = \dfrac{\Gamma(2)}{\sqrt{3\pi}\,\Gamma\left(\dfrac{3}{2}\right)}$　となるが　$\Gamma(2) = 1$　であるから

$$T_3 = \frac{1}{\sqrt{3\pi}\dfrac{\sqrt{\pi}}{2}} = \frac{2}{\sqrt{3}\,\pi}$$

となる。

ところで、標本数が多くなると、$t$ 分布の確率密度関数は正規分布の確率密度関数に漸近するはずである。この点については、後ほど紹介することにして、ここでは、さらに、$t$ 分布の確率密度関数の特徴を調べていこう。

---

**演習** 6-5　$t$ 分布に対応した確率密度関数が**偶関数** (even function) であることを確かめよ。

---

**解）**　確率密度関数の

$$f(x) = T_m\left(1 + \frac{x^2}{m}\right)^{-\frac{m+1}{2}}$$

の $x$ に $-x$ を代入すると

$$f(-x) = T_m\left(1 + \frac{(-x)^2}{m}\right)^{-\frac{m+1}{2}} = T_m\left(1 + \frac{x^2}{m}\right)^{-\frac{m+1}{2}} = f(x)$$

となるので、この関数は偶関数であることがわかる。

---

よって、$x = 0$ に関して左右対称である。また

$$f(x) = T_m\left(1 + \frac{x^2}{m}\right)^{-\frac{m+1}{2}} = \frac{T_m}{\left(1 + \dfrac{x^2}{m}\right)^{\frac{m+1}{2}}}$$

と書くと明らかなように、$x \to \pm\infty$ で $f(x) \to 0$ となることもわかる。

## 6.3.　$t$ 分布の形状

ここで $m = 3$ の場合には、演習 6-4 で求めたように $T_3 = \dfrac{2}{\sqrt{3}\pi}$ である。よって

$$f(x) = \frac{T_3}{\left(1 + \dfrac{x^2}{3}\right)^2} = \frac{2}{\sqrt{3}\pi\left(1 + \dfrac{x^2}{3}\right)^2}$$

が確率密度関数である。

第 6 章　$t$ 分布の確率密度関数

演習 6-6　自由度 $m=3$ の $t$ 分布のグラフの形状を調べよ。

　解）　確率密度関数の増減表を求めてみよう。まず $f(x)$ の微分をとると

$$f'(x) = -\frac{8}{3\sqrt{3}\pi}\frac{x}{\left(1+\dfrac{x^2}{3}\right)^3}$$

となって、負号がついているので、$x>0$ の範囲では $f'(x)<0$，$x<0$ の範囲では $f'(x)>0$ となる。また、$x=0$ で $f'(x)=0$ となり、極大値を与える。

　つぎに、2 階導関数を求めると

$$f''(x) = -\frac{8}{3\sqrt{3}\pi}\frac{1-\dfrac{5}{3}x^2}{\left(1+\dfrac{x^2}{3}\right)^4}$$

　ここで $f''(x)=0$ となる $x$ を求めると

$$1-\frac{5}{3}x^2=0 \quad より \quad x=\pm\sqrt{\frac{3}{5}}$$

となる。よって、このグラフは

$$f(0)=\frac{2}{\sqrt{3}\pi}$$

に頂点を有し、中心から離れるに従って単調減少し、次第に 0 に漸近するグラフである。また、$x=\pm\sqrt{3/5}$ に変曲点を有し、この前後で上に凸から下に凸のグラフへ変化する。増減表は表 6-1 のようになる。

表 6-1　増減表

| $x$ | $-\infty$ | | $-\sqrt{3/5}$ | | $0$ | | $+\sqrt{3/5}$ | | $+\infty$ |
|---|---|---|---|---|---|---|---|---|---|
| $f(x)$ | 0 | ↗ | | ↗ | $2/(\sqrt{3}\pi)$ | ↘ | | ↘ | 0 |
| $f'(x)$ | | + | | + | 0 | − | | − | |
| $f''(x)$ | | | 0 | | | | 0 | | |

147

グラフは図 6-2 に示したようになる。

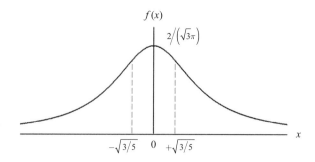

図 6-2　自由度 $m=3$ の $t$ 分布の確率密度関数

図からわかるように、標準正規分布より背が低く、よりすその拡がった分布となる。

---

それでは、つぎにこの確率密度関数の平均を求めてみよう。

$$E[x] = \int_{-\infty}^{+\infty} x f(x) dx = \int_{-\infty}^{+\infty} \frac{2x}{\sqrt{3}\pi \left(1+\dfrac{x^2}{3}\right)^2} dx$$

となるが、ここで、この被積分関数は奇関数であるので、この積分値は 0 となる。
よって

$$E[x] = 0$$

となる。つまり、この分布の平均値は 0 となる。つぎに、この分布の分散は

$$E[x^2] = \int_{-\infty}^{+\infty} x^2 f(x) dx = \int_{-\infty}^{+\infty} \frac{2x^2}{\sqrt{3}\pi \left(1+\dfrac{x^2}{3}\right)^2} dx$$

この関数は偶関数であるから

$$E[x^2] = 2\int_{0}^{\infty} \frac{2x^2}{\sqrt{3}\pi \left(1+\dfrac{x^2}{3}\right)^2} dx$$

と置くことができる。

第6章 *t*分布の確率密度関数

$$t = \left(1 + \frac{x^2}{3}\right)^{-1} \qquad \text{と置くと} \qquad 1 + \frac{x^2}{3} = \frac{1}{t} \quad \text{であるから}$$

$$x^2 = 3\left(\frac{1}{t} - 1\right)$$

この両辺を微分すると

$$2x\,dx = -3\frac{1}{t^2}\,dt$$

また $x = 0$ のとき $t = 1$, $x = \infty$ のとき $t = 0$ であるから

$$E\left[x^2\right] = 2\int_1^0 -3\frac{xt^2}{\sqrt{3}\pi t^2}\,dt = 6\int_0^1 \frac{x}{\sqrt{3}\pi}\,dt = 6\int_0^1 \frac{\sqrt{3\{(1/t)-1\}}}{\sqrt{3}\pi}\,dt$$

となる。

これを整理すると

$$E\left[x^2\right] = \frac{6}{\pi}\int_0^1 \sqrt{\frac{1}{t} - 1}\,dt = \frac{6}{\pi}\int_0^1 \sqrt{\frac{1-t}{t}}\,dt$$

となる。

実は、この積分は、**ベータ関数** (Beta function) と呼ばれる**特殊関数** (special function) である[16]。

## 6.4. ベータ関数

ベータ関数は

$$B(p, q) = \int_0^1 t^{p-1}(1-t)^{q-1}\,dt \qquad (p > 0,\ q > 0)$$

という積分形で与えられる。ベータ関数はガンマ関数と密接な関係にあり

$$B(p, q) = \frac{\Gamma(p)\Gamma(q)}{\Gamma(p+q)}$$

という関係にある。このかたちの積分に変形できれば、ガンマ関数との関係を使って、積分結果を計算することができる。この関数も、複雑な積分を解法するときには、非常に便利な道具となる。

---

[16] ベータ関数の導出は、本章の6.6.節で行う。

ここで、$t$ 分布の分散をベータ関数が使えるように変形してみると

$$\frac{6}{\pi}\int_0^1 \sqrt{\frac{1-t}{t}}\, dt = \frac{6}{\pi}\int_0^1 t^{-\frac{1}{2}}(1-t)^{\frac{1}{2}}\, dt$$

となるから、これは

$$B\left(\frac{1}{2},\frac{3}{2}\right)$$

というベータ関数となっている。よって

$$E\left[x^2\right] = \frac{6}{\pi}\int_0^1 \sqrt{\frac{1-t}{t}}dt = \frac{6}{\pi}B\left(\frac{1}{2},\frac{3}{2}\right)$$

と与えられる。ここで、さらにガンマ関数との関係を利用すると

$$B\left(\frac{1}{2},\frac{3}{2}\right) = \frac{\Gamma\left(\dfrac{1}{2}\right)\Gamma\left(\dfrac{3}{2}\right)}{\Gamma\left(\dfrac{1}{2}+\dfrac{3}{2}\right)} = \sqrt{\pi}\frac{\sqrt{\pi}}{2} = \frac{\pi}{2}$$

のように、簡単に積分結果を得ることができる。よって

$$E\left[x^2\right] = \frac{6}{\pi}\frac{\pi}{2} = 3$$

と値を求めることができる。

---

**演習** 6-7　$t$ 分布に従う確率変数 $x$ の平均を求めよ。

---

**解）**　この確率密度関数は

$$f(x) = T_m\left(1 + \frac{x^2}{m}\right)^{-\frac{m+1}{2}}$$

のかたちをしている。まず、この関数は $m$ の値に関係なく偶関数であるから $xf(x)$ は奇関数となるので

$$E\left[x\right] = \int_{-\infty}^{+\infty} x f(x)dx = 0$$

となって、平均値は 0 となる。

第 6 章　$t$ 分布の確率密度関数

---

**演習 6-8**　$t$ 分布に従う確率変数 $x$ の分散を積分形で求めよ。

---

**解）**　$t$ 分布の平均は 0 であるから、分散 $V[x]$ は確率密度関数を $f(x)$ として

$$V[x] = E[x^2] = \int_{-\infty}^{+\infty} x^2 f(x) dx$$

と与えられる。したがって

$$V[x] = E[x^2] = \int_{-\infty}^{+\infty} T_m x^2 \left(1 + \frac{x^2}{m}\right)^{-\frac{m+1}{2}} dx$$

となる。被積分関数は偶関数であるから

$$V[x] = 2\int_0^\infty T_m x^2 \left(1 + \frac{x^2}{m}\right)^{-\frac{m+1}{2}} dx$$

と置くことができる。

$t = \left(1 + \dfrac{x^2}{m}\right)^{-1}$ という変数変換を行うと

$$1 + \frac{x^2}{m} = \frac{1}{t} \quad \text{であるから} \quad x^2 = m\left(\frac{1}{t} - 1\right)$$

となる。両辺の微分をとると

$$2x dx = -\frac{m}{t^2} dt$$

また $x = 0$ のとき $t = 1$, $x = \infty$ のとき $t = 0$ であるから

$$V[x] = 2\int_0^\infty T_m x^2 \left(1 + \frac{x^2}{m}\right)^{-\frac{m+1}{2}} dx = \int_0^\infty T_m x \left(1 + \frac{x^2}{m}\right)^{-\frac{m+1}{2}} 2x dx$$

$$= \int_1^0 T_m x t^{\frac{m+1}{2}} \left(\frac{-m}{t^2} dt\right)$$

となる。さらに

$$x = \sqrt{m\left(\frac{1}{t} - 1\right)}$$

151

であるから

$$V[x] = \int_0^1 T_m \sqrt{m\left(\frac{1}{t}-1\right)}\, t^{\frac{m+1}{2}}\left(\frac{m}{t^2}dt\right) = T_m\, m\sqrt{m}\int_0^1 \sqrt{\left(\frac{1}{t}-1\right)}\, t^{\frac{m+1}{2}-2}dt$$

ここで被積分関数を整理すると

$$\sqrt{\left(\frac{1}{t}-1\right)}\, t^{\frac{m+1}{2}-2} = \sqrt{\frac{1-t}{t}}\, t^{\frac{m-3}{2}} = (1-t)^{\frac{1}{2}} t^{-\frac{1}{2}} t^{\frac{m-3}{2}} = t^{\frac{m-4}{2}}(1-t)^{\frac{1}{2}}$$

となるので

$$V[x] = T_m\, m\sqrt{m}\int_0^1 t^{\frac{m-4}{2}}(1-t)^{\frac{1}{2}}dt$$

となる。

---

ここで、分散に関する被積分関数を、つぎのように変形してみよう。

$$V[x] = T_m\, m\sqrt{m}\int_0^1 t^{\left(\frac{m}{2}-1\right)-1}(1-t)^{\frac{3}{2}-1}dt$$

この式は、ベータ関数を使うと

$$V[x] = T_m\, m\sqrt{m}\; B\left(\frac{m}{2}-1,\frac{3}{2}\right)$$

と書くことができる。

そして重要な性質は、ベータ関数とガンマ関数の間に

$$B(p,q) = \frac{\Gamma(p)\,\Gamma(q)}{\Gamma(p+q)}$$

という関係が成立することである。

つまり、ベータ関数は、ガンマ関数で与えられ、ガンマ関数は簡単に計算できるので、ベータ関数の計算も可能となる。

この関係を使って、先ほどの分散の式を変形すると

$$V[x] = T_m\, m\sqrt{m}\,\frac{\Gamma\left(\frac{m}{2}-1\right)\Gamma\left(\frac{3}{2}\right)}{\Gamma\left(\frac{m}{2}+\frac{1}{2}\right)}$$

となる。

152

第 6 章　$t$ 分布の確率密度関数

---

**演習 6-9**　$t$ 分布に従う確率変数 $x$ の分散を求めよ。ただし、定数項 $T_m$ は

$$T_m = \frac{\Gamma\left(\frac{m+1}{2}\right)}{\sqrt{m\pi}\ \Gamma\left(\frac{m}{2}\right)}$$

と与えられる。

---

　**解）**　上記の定数項の表式を $V[x]$ に代入すると

$$V[x] = m\sqrt{m}\ \frac{\Gamma\left(\frac{m+1}{2}\right)}{\sqrt{m\pi}\,\Gamma\left(\frac{m}{2}\right)} \frac{\Gamma\left(\frac{m}{2}-1\right)\Gamma\left(\frac{3}{2}\right)}{\Gamma\left(\frac{m+1}{2}\right)} = m\ \frac{\Gamma\left(\frac{m}{2}-1\right)\Gamma\left(\frac{3}{2}\right)}{\sqrt{\pi}\,\Gamma\left(\frac{m}{2}\right)}$$

となる。ここで漸化式を使うと

$$\Gamma\left(\frac{m}{2}\right) = \Gamma\left(\frac{m}{2}-1+1\right) = \left(\frac{m}{2}-1\right)\Gamma\left(\frac{m}{2}-1\right)$$

であり

$$\Gamma\left(\frac{3}{2}\right) = \frac{\sqrt{\pi}}{2}$$

であるから

$$V[x] = m\ \frac{\Gamma\left(\frac{m}{2}-1\right)\dfrac{\sqrt{\pi}}{2}}{\sqrt{\pi}\left(\frac{m}{2}-1\right)\Gamma\left(\frac{m}{2}-1\right)} = \frac{m}{m-2}$$

となる。

---

　以上のように、$t$ 分布に対応した確率密度関数の平均は 0 で、分散は自由度を $m$ としたとき

$$V[x] = \frac{m}{m-2}$$

となる。

　ここで、標準正規分布では平均が 0 で分散が 1 であった。$t$ 分布による統計推

定や検定のところで紹介したように、標本数 $n$ が大きくなれば、近似的に標準正規分布とみなしてよいと説明した。その目安は $n = 30$ 程度としたが実際に計算してみると

$$V[x] = \frac{m}{m-2} = \frac{n-1}{n-3} = \frac{29}{27} \cong 1.074$$

となって、$t$ 分布でも標本数 $n$ が大きくなれば分散は次第に 1 に近づいていくことがわかる。つまり標準正規分布で近似してもよいという事実を確認できる。一応参考までに結果を示すと

$$n = 100 \text{ で } V[x] \cong 1.02 \qquad n = 1000 \text{ で } V[x] \cong 1.002$$

となる。

しかし、このように $t$ 分布と標準正規分布とは近い関係にありながら、なぜ見た目の確率密度関数のかたちが全く異なっているのであろうか。もっと具体的には、なぜ $t$ 分布では指数関数となっていないのであろうか。

## 6.5. 正規分布と $t$ 分布

確認の意味でそれぞれの確率密度関数を並べて書いてみると

標準正規分布 $\quad f(x) = \dfrac{1}{\sqrt{2\pi}} \exp\left(-\dfrac{x^2}{2}\right)$

$t$ 分布 $\qquad f(x) = T_m\left(1 + \dfrac{x^2}{m}\right)^{-\frac{m+1}{2}} \qquad T_m = \dfrac{\Gamma\left(\dfrac{m+1}{2}\right)}{\sqrt{m\pi}\,\Gamma\left(\dfrac{m}{2}\right)}$

となっていて、一見しただけでは何の関連性もないように見える。しかしながら、グラフ化するとよく似ているうえ、確かに $m = n-1$ の数が増えると両者は一致することが確かめられる。

実は、これら 2 つの確率密度関数には密接な関係がある。そのヒントとなるのが、指数関数の定義である。それは

$$e = \lim_{d \to \infty}\left(1 + \frac{1}{d}\right)^d$$

第 6 章　$t$ 分布の確率密度関数

というものであった。

　実は $t$ 分布も $n$ が無限大になった極限では、正規分布となり、その確率密度関数が指数関数になるが、この右辺が $t$ 分布になるのである。

---

**演習 6-10**　$e$ の定義式をもとに $e^x$ のかたちを導出せよ。

---

　**解）**　$e$ の定義式は $e = \lim_{d \to \infty} \left(1 + \dfrac{1}{d}\right)^d$ であった。

　この式をもとに、$e^x$ を求めると

$$e^x = \left[\lim_{d \to \infty} \left(1 + \frac{1}{d}\right)^d\right]^x = \lim_{d \to \infty} \left(1 + \frac{1}{d}\right)^{dx}$$

となる。

---

　ここで $m = dx$ と置き換えると

$$e^x = \lim_{d \to \infty} \left(1 + \frac{1}{d}\right)^{dx} = \lim_{m \to \infty} \left(1 + \frac{x}{m}\right)^m$$

となる。

　ここまで来ると、指数関数が主体となっている標準正規分布の確率密度関数と $t$ 分布の確率密度関数の類似点が見えてくる。

　これを正規分布に対応した指数関数に当てはめれば

$$\exp(-x^2) = \left[\lim_{d \to \infty} \left(1 + \frac{1}{d}\right)^d\right]^{-x^2} = \lim_{d \to \infty} \left(1 + \frac{1}{d}\right)^{-dx^2}$$

となるが、$m = dx^2$ と置き換えると

$$\exp(-x^2) = \lim_{m \to \infty} \left(1 + \frac{x^2}{m}\right)^{-m}$$

となる。

　この右辺において $m$ が小さいときには

*155*

$$f(x) = A\left(1 + \frac{x^2}{m}\right)^{-m}$$

となるのである。

　これは、まさに $t$ 分布の確率密度関数の基本形である。もちろん、これを実際の分布に適合させるためには修正が必要となるが、正規分布と $t$ 分布が、$e$ の定義そのものから、$m(=n-1)$ の数の大小によって、その根底でつながっていることがわかるであろう。

## 6. 6. ベータ関数とガンマ関数

　それでは、最後にベータ関数の特徴とガンマ関数との関係を紹介しておこう。ベータ関数の定義は

$$B(p,q) = \int_0^1 t^{p-1}(1-t)^{q-1}\,dt \qquad (p>0,\ q>0)$$

であった。この定義から、ただちに

$$B(1,1) = \int_0^1 1\,dt = 1$$

$$B(2,1) = \int_0^1 t\,dt = \left[\frac{t^2}{2}\right]_0^1 = \frac{1}{2}$$

などの値が得られる。

　一方、ガンマ関数の定義は

$$\Gamma(q) = \int_0^\infty t^{q-1}e^{-t}\,dt \qquad (q>0)$$

であるが、ベータ関数とガンマ関数には

$$B(p,q) = \frac{\Gamma(p)\,\Gamma(q)}{\Gamma(p+q)}$$

という関係があることがわかっている。ガンマ関数の値は、本章でも紹介したように簡単に計算できるので、ベータ関数も計算が可能となる。たとえば

$$B(1,1) = \frac{\Gamma(1)\,\Gamma(1)}{\Gamma(2)}$$

となるが、$\Gamma(1) = 1$, $\Gamma(2) = 1$ であったので

第 6 章　$t$ 分布の確率密度関数

$$B(1, 1) = 1$$

となる。同様に $B(2, 1) = 1/2$ もすぐに計算できる。

---

**演習** 6-11　以下のベータ関数の積分において積分変数 $t$ を $t = \cos^2\theta$ と変数変換せよ。

$$B(p, q) = \int_0^1 t^{\,p-1}(1-t)^{q-1}\,dt$$

---

　**解）**　積分範囲は $0 \le t \le 1$ であるから $\pi/2 \le \theta \le 0$ となる。また

$$1 - t = 1 - \cos^2\theta = \sin^2\theta$$

である。さらに

$$dt = -2\cos\theta\sin\theta\,d\theta$$

であるから

$$B(p, q) = \int_{\pi/2}^0 \cos^{2(p-1)}\theta\,\sin^{2(q-1)}\theta\,(-2\cos\theta\sin\theta\,d\theta)$$

$$= 2\int_0^{\pi/2}\cos^{2p-1}\theta\,\sin^{2q-1}\theta\,d\theta$$

と与えられる。

---

　これが、ベータ関数の三角関数による定義である。この関係から

$$B\left(\frac{1}{2}, \frac{1}{2}\right) = 2\int_0^{\pi/2}1\,d\theta = 2\big[\,\theta\,\big]_0^{\pi/2} = \pi$$

となることもわかる。

　ガンマ関数を使って計算すると

$$B\left(\frac{1}{2}, \frac{1}{2}\right) = \frac{\Gamma(1/2)\,\Gamma(1/2)}{\Gamma(1)} = \frac{\sqrt{\pi}\sqrt{\pi}}{1} = \pi$$

となって、確かに同じ値が得られる。

　それでは、ガンマ関数との関係を見ていこう。ガンマ関数を

$$\Gamma(p) = \int_0^\infty t^{\,p-1}e^{-t}dt \qquad \Gamma(q) = \int_0^\infty u^{q-1}e^{-u}du$$

*157*

と置いて、積をとると

$$\Gamma(p)\Gamma(q) = \int_0^\infty t^{p-1}e^{-t}dt \int_0^\infty u^{q-1}e^{-u}du$$

と与えられる。

---

**演習 6-12**　$\Gamma(p) = \int_0^\infty t^{p-1}e^{-t}dt$ に対して $t = x^2$ という変数変換を施せ。

---

　**解）**　$dt = 2xdx$ であるので

$$\Gamma(p) = \int_0^\infty x^{2p-2}\exp(-x^2)(2xdx) = 2\int_0^\infty x^{2p-1}\exp(-x^2)dx$$

となる。

---

　同様に、$u = y^2$ と置くと

$$\Gamma(q) = 2\int_0^\infty y^{2q-1}\exp(-y^2)dy$$

となる。よって

$$\Gamma(p)\Gamma(q) = 4\int_0^\infty x^{2p-1}\exp(-x^2)dx \int_0^\infty y^{2q-1}\exp(-y^2)dy$$

となり、まとめると

$$\Gamma(p)\Gamma(q) = 4\int_0^\infty \int_0^\infty x^{2p-1}y^{2q-1}\exp\{-(x^2+y^2)\}dxdy$$

となる。

　ここで、極座標に変換する。

$$x = r\cos\phi \qquad y = r\sin\phi$$

と置くと、積分範囲は

$$0 \le x \le \infty, \quad 0 \le y \le \infty \quad \rightarrow \quad 0 \le r \le \infty, \quad 0 \le \phi \le \pi/2$$

と変換され、さらに

$$dxdy \rightarrow r\,dr\,d\phi$$

となるので

*158*

第6章　$t$分布の確率密度関数

$$\Gamma(p)\Gamma(q) = 4\int_0^{\pi/2}\int_0^\infty (r\cos\phi)^{2p-1}(r\sin\phi)^{2q-1}\exp(-r^2)\,r\,dr\,d\phi$$

のように変換できる。

　ここで $r$ と $\phi$ の積分に分けると

$$\Gamma(p)\Gamma(q) = 2\int_0^\infty r^{2(p+q)-1}\exp(-r^2)dr \cdot 2\int_0^{\pi/2}(\cos\phi)^{2p-1}(\sin\phi)^{2q-1}d\phi$$

となる。ここで

$$2\int_0^\infty r^{2(p+q)-1}\exp(-r^2)dr = \Gamma(p+q)$$

$$2\int_0^{\pi/2}(\cos\phi)^{2p-1}(\sin\phi)^{2q-1}d\phi = B(p,q)$$

であるから

$$\Gamma(p)\Gamma(q) = B(p,q)\Gamma(p+q)$$

という関係が得られる。したがって、ベータ関数は、つぎのようなガンマ関数の比として与えられることになる。

$$B(p,q) = \frac{\Gamma(p)\Gamma(q)}{\Gamma(p+q)}$$

　ところで、 $t$分布の確率密度関数の定数項はガンマ関数で表現されているが、ベータ関数を使って表記することもできる。

---

**演習 6-13**　つぎの $t$分布の定数項をベータ関数で表現せよ。

$$T_m = \frac{\Gamma\left(\dfrac{m+1}{2}\right)}{\sqrt{m\pi}\ \Gamma\left(\dfrac{m}{2}\right)}$$

---

　**解)**　このままでは、ベータ関数に対応させることはできないが、分母を見ると $\sqrt{m\pi}$ がある。ここで

$$\sqrt{\pi} = \Gamma\left(\frac{1}{2}\right)$$

*159*

であったから

$$T_m = \frac{\Gamma\left(\dfrac{m+1}{2}\right)}{\sqrt{m\pi}\,\Gamma\left(\dfrac{m}{2}\right)} = \frac{\Gamma\left(\dfrac{m+1}{2}\right)}{\sqrt{m}\,\Gamma\left(\dfrac{m}{2}\right)\Gamma\left(\dfrac{1}{2}\right)}$$

と置くことができる。ベータ関数の定義から

$$B\left(\frac{m}{2}, \frac{1}{2}\right) = \frac{\Gamma\left(\dfrac{m}{2}\right)\Gamma\left(\dfrac{1}{2}\right)}{\Gamma\left(\dfrac{m+1}{2}\right)}$$

となるから、結局、$t$ 分布の定数項は

$$T_m = \frac{1}{\sqrt{m}\,B\left(\dfrac{m}{2}, \dfrac{1}{2}\right)}$$

と与えられる。

---

　教科書によっては、$t$ 分布の定数項として、ベータ関数の式を採用することもある。また、本章で紹介したガンマ関数ならびにベータ関数は、数学応用上非常に有用な特殊関数であり、$\chi^2$ 分布や $F$ 分布の確率密度関数の応用でも活躍する。

## 6.7. まとめ

　$t$ 分布とは、正規分布に属する集団から、標本を $n$ 個選んだときに、その平均 $\mu$ が従う分布である。このときの自由度は $m = n-1$ となる。したがって、正規分布と密接な関係になるが、確率密度関数の見た目は大きく異なる。そのヒントは指数関数の定義式から得られる

$$\exp(-x^2) = \lim_{m \to \infty}\left(1 + \frac{x^2}{m}\right)^{-m}$$

である。つまり、$m$ が大きい極限では左辺となるが、標本数が有限のときには、右辺の関数形が必要となり、これが $t$ 分布の確率密度関数となる。

# 第 7 章　$\chi^2$ 分布の確率密度関数

　正規分布に属する母集団から取り出した標本データをもとに、母分散を統計的に解析する際に利用するのが $\chi^2$ 分布である。また、標準偏差の不偏推定値を求める際にも利用される。

## 7. 1.　$\chi^2$ の定義

　まず、$\chi^2$ の定義から復習すると

$$\chi^2 = \frac{(x_1 - \overline{x})^2}{\sigma^2} + \frac{(x_2 - \overline{x})^2}{\sigma^2} + \ldots + \frac{(x_n - \overline{x})^2}{\sigma^2} = \sum_{i=1}^{n} \frac{(x_i - \overline{x})^2}{\sigma^2}$$

という和であった。$\chi$ という変数があるわけではなく、あくまでも $\chi^2$ が確率変数となる。ここで、分母の $\sigma^2$ は母分散である。標本分散 $V$ は

$$V = \sum_{i=1}^{n} \frac{(x_i - \overline{x})^2}{n}$$

であるから $\chi^2$ は、標本分散を使うと

$$\chi^2 = \sum_{i=1}^{n} \frac{(x_i - \overline{x})^2}{\sigma^2} = \frac{n}{\sigma^2} \sum_{i=1}^{n} \frac{(x_i - \overline{x})^2}{n} = n\frac{V}{\sigma^2}$$

と与えられることになる。

　したがって $\chi^2$ の分布がわかれば、標本分散 $V$ から、母分散 $\sigma^2$ の推定ができるのである。そして、$\chi^2$ は以下のように標本数 $n$ によって、変化していき

$$\chi^2(n=2) = \frac{(x_1 - \overline{x})^2 + (x_2 - \overline{x})^2}{\sigma^2}$$

$$\chi^2(n=3) = \frac{(x_1 - \overline{x})^2 + (x_2 - \overline{x})^2 + (x_3 - \overline{x})^2}{\sigma^2}$$

　　．．．．．

$$\chi^2(n=n) = \frac{(x_1 - \overline{x})^2 + (x_2 - \overline{x})^2 + ... + (x_n - \overline{x})^2}{\sigma^2}$$

となる。ただし、統計的には、標本数 $n$ ではなく自由度を使って表示するのが一般的である。このとき

$$\chi^2 = \sum_{i=1}^{n} \frac{(x_i - \overline{x})^2}{\sigma^2}$$

の自由度を考えてみよう。この表式では、標本平均

$$\overline{x} = \frac{x_1 + x_2 + ... + x_n}{n}$$

を使っているので、$x_1$ から $x_{n-1}$ までは自由に選択できるが、最後の $x_n$ は自動的に決まってしまうのである。このため、自由度 $\phi$ は $n-1$ のように成分数 $n$ よりも1個減る。よって

$$\chi^2(n=2) = \chi^2(\phi=1) \qquad \chi^2(n=3) = \chi^2(\phi=2)$$
$$... \quad \chi^2(n=n) = \chi^2(\phi=n-1)$$

という関係にある。

ところで、正規分布では、標本平均は、母平均の不偏推定値であったから

$$\chi^2 = \sum_{i=1}^{n} \frac{(x_i - \mu)^2}{\sigma^2}$$

という式を使う場合もある。このときは、母平均 $\mu$ を使っているので、標本数がそのまま自由度になり、自由度は $\phi = n$ となることに注意されたい。

ただし、実際の統計解析においては、母平均 $\mu$ はわからないので、標本平均のほうの式を使うことになる。

ここで、$\chi^2$ のすべての項は正であるから、その定義域は正の領域となる。また、標本の数が増えるに従って、その値が大きくなっていく傾向にあることもわかる。


## 7.2. $\chi^2$分布の確率密度関数


それでは、$\chi^2$ の分布がどうなるかを考えてみよう。まず、成分は正規分布に属していることが基本である。

*162*

第 7 章　$\chi^2$ 分布の確率密度関数

　ここで、正規母集団の平均 $\mu$ を使った $\chi^2$ の式

$$\chi^2 = \sum_{i=1}^{n} \frac{(x_i - \mu)^2}{\sigma^2}$$

の成分をみると、正規分布の確率密度関数

$$f(x) = \frac{1}{\sigma\sqrt{2\pi}} \exp\left(-\frac{(x-\mu)^2}{2\sigma^2}\right)$$

の指数関数のべき (power) と同じかたちをしていることに気づく。そこで

$$z = \frac{(x-\mu)^2}{\sigma^2}$$

という変数変換をしてみる。

　すると、正規分布の確率密度関数は

$$\frac{1}{\sigma\sqrt{2\pi}} \exp\left(-\frac{z}{2}\right)$$

と変形できる。実は、$\chi^2$ 分布の確率密度関数は、この指数関数のかたち $\exp(-z/2)$ に従うのである。

---

**演習** 7-1　正規分布の $\int f(x)dx$ に対応した $F(z)dz$ を求めよ。

---

**解**）

$$z = \frac{(x-\mu)^2}{\sigma^2} \qquad \text{から} \qquad dz = \frac{2(x-\mu)}{\sigma^2}dx$$

また

$$x - \mu = \sigma\sqrt{z} \qquad \text{から} \qquad dz = \frac{2\sqrt{z}}{\sigma}dx$$

したがって

$$f(x)dx = F(z)\left(\frac{\sigma}{2\sqrt{z}}\right)dz$$

となる。よって

*163*

$$\int F(z)dz = \frac{1}{\sqrt{8\pi}} \int z^{-\frac{1}{2}} \exp\left(-\frac{z}{2}\right) dz$$

となる。

これが、単純な置き換えによる $z = (x-\mu)^2/\sigma^2$ の確率密度関数である。

### 7.3. 自由度に依存した関数

これ以降は、$t$ 分布のときと同じように自由度の表記は $m$ を使うことにする。$\chi^2$ 分布の確率密度関数は、自由度 $m$ を取り入れると、次式となることがわかっている。

$$f(x) = K_m \, x^{\frac{m}{2}-1} \exp\left(-\frac{x}{2}\right)$$

ここで $K_m$ は、自由度 $m$ に依存する定数で、ガンマ関数を使うと

$$K_m = \frac{1}{2^{\frac{m}{2}} \, \Gamma\left(\frac{m}{2}\right)}$$

と与えられる。よって、自由度 $m$ の $\chi^2$ 分布の確率密度関数の一般式は

$$f(x) = \frac{1}{2^{\frac{m}{2}} \, \Gamma\left(\frac{m}{2}\right)} x^{\frac{m}{2}-1} \exp\left(-\frac{x}{2}\right)$$

となる。

---

**演習 7-2**　$\chi^2$ 分布に対応した確率密度関数の一般式を用いて、自由度 $m=1$ に対応した関数を求めよ。

---

**解）**　$m=1$ なので

$$f(x) = K_1 \, x^{\frac{1}{2}-1} \exp\left(-\frac{x}{2}\right) = K_1 \, x^{-\frac{1}{2}} \exp\left(-\frac{x}{2}\right)$$

となる。定数項は

第7章 $\chi^2$分布の確率密度関数

$$K_1 = \frac{1}{2^{\frac{1}{2}}\Gamma\left(\dfrac{1}{2}\right)} = \frac{1}{\sqrt{2\pi}}$$

となり、自由度1の$\chi^2$分布の確率密度関数は

$$f(x) = \frac{1}{\sqrt{2\pi}} x^{-\frac{1}{2}} \exp\left(-\frac{x}{2}\right)$$

と与えられる。

この式は、正規母集団から標本を 2 個取り出して、標本平均から$\chi^2$を求めた場合の確率密度関数である。

---

**演習 7-3** $\chi^2$分布に対応した確率密度関数の一般式を用いて、自由度 $m=2$ に対応した関数を求めよ。

---

**解）** $m=2$ なので

$$f(x) = K_2\, x^{\frac{2}{2}-1} \exp\left(-\frac{x}{2}\right) = K_2 \exp\left(-\frac{x}{2}\right)$$

となる。定数項は

$$K_2 = \frac{1}{2^{\frac{2}{2}}\Gamma\left(\dfrac{2}{2}\right)} = \frac{1}{2\Gamma(1)}$$

となるが、$\Gamma(1) = 1$ であるから、結局、自由度2の$\chi^2$分布に対応した確率密度関数は

$$f(x) = \frac{1}{2}\exp\left(-\frac{x}{2}\right)$$

となる。

---

それでは、求めた関数が、確率密度関数の条件を満たしているかどうか、確かめてみよう。確率変数は正の値しかとらないので

$$\int_0^\infty f(x)dx = 1$$

が条件となる。

> **演習 7-4** 関数 $f(x) = \dfrac{1}{2}\exp\left(-\dfrac{x}{2}\right)$ を 0 から $\infty$ の範囲で積分せよ。

**解)**

$$\int_0^\infty \exp\left(-\frac{x}{2}\right)dx = \left[-2\exp\left(-\frac{x}{2}\right)\right]_0^\infty = 0-(-2) = 2$$

から

$$\int_0^\infty f(x)dx = \int_0^\infty \frac{1}{2}\exp\left(-\frac{x}{2}\right)dx = 1$$

が確かめられる。

自由度 1 と 2 の $\chi^2$ 分布に対応した確率密度関数は図 7-1 のようになる。

ここで、いくつか注意点を挙げてみよう。まず、この図で $x = 0$ の点をみると、自由度 1 では $\infty$ に、自由度 2 では 0.5 となっている。$x = 0$ とは単純に考えると、標本がすべて $x = \mu$ となることであるが、実は、$x$ が連続の場合に注意する必要がある。それは、1 点の値に意味はなく

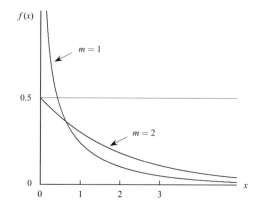

図 7-1 自由度が 1 および 2 の $\chi^2$ 分布の確率密度関数

第 7 章　$\chi^2$ 分布の確率密度関数

$$P(a \leq x \leq b) = \int_a^b f(x)dx$$

のように、$x$ をある範囲 $a$ から $b$ まで積分したときに、この範囲に確率変数が入る確率が得られるということである。このとき、$x = a$ という 1 点では

$$P(x = a) = \int_a^a f(x)dx = 0$$

となって、意味をなさないという点である。

　よって、自由度 2 の $\chi^2$ 分布の確率密度関数では $f(0) = 1/2$ となっているが、この値に直接的な意味はないのである。

---

**演習** 7-5　　自由度が $3, 4, 5$ の $\chi^2$ 分布の確率密度関数を求め、グラフ化せよ。

---

　**解）**　　自由度 $m$ の $\chi^2$ 分布の確率密度関数の一般式は

$$f(x) = K_m \, x^{\frac{m}{2}-1} \exp\left(-\frac{x}{2}\right)$$

で与えられる。よって自由度 3 では

$$f(x) = \frac{1}{2^{\frac{3}{2}} \, \Gamma\!\left(\frac{3}{2}\right)} x^{\frac{3}{2}-1} \exp\left(-\frac{x}{2}\right) = \frac{1}{2\sqrt{2} \, \Gamma\!\left(\frac{3}{2}\right)} \sqrt{x} \, \exp\left(-\frac{x}{2}\right)$$

であり、ガンマ関数の漸化式の性質から

$$\Gamma\!\left(\frac{3}{2}\right) = \frac{1}{2}\Gamma\!\left(\frac{1}{2}\right) = \frac{\sqrt{\pi}}{2}$$

と計算できるので

$$f(x) = \frac{1}{\sqrt{2\pi}} x^{\frac{1}{2}} \exp\left(-\frac{x}{2}\right)$$

となる。確率密度関数の一般式を見ると複雑であるが、実際の関数は、このように簡単になる。

　同様にして自由度 4 の場合は

$$f(x) = \frac{1}{2^2 \, \Gamma(2)} \, x \exp\left(-\frac{x}{2}\right) = \frac{1}{4} x \exp\left(-\frac{x}{2}\right)$$

*167*

自由度 5 の場合は

$$f(x) = \frac{1}{2^{\frac{5}{2}} \Gamma\left(\frac{5}{2}\right)} x^{\frac{5}{2}-1} \exp\left(-\frac{x}{2}\right) = \frac{1}{3\sqrt{2\pi}} x^{\frac{3}{2}} \exp\left(-\frac{x}{2}\right)$$

となる。

自由度 $m = 3$ から 5 の $\chi^2$ 分布は図 7-2 のようになる。

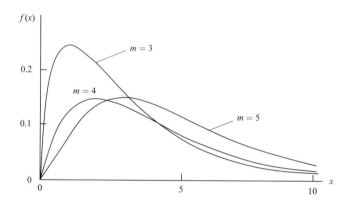

図 7-2　自由度が 3, 4, 5 の $\chi^2$ 分布のグラフ

このように、$\chi^2$ 分布の確率密度関数は、$\exp(-x/2)$ が基本となって、自由度の増加にともなって $x$ のべきが $1/2$ ずつ増えていくという単純なものである。

### 7.4. 期待値

それでは、$\chi^2$ 分布における期待値を求めてみよう。まず、自由度 $m$ の $\chi^2$ 分布に従う確率変数 $x$ の期待値は

$$E[x] = \int_{-\infty}^{+\infty} x f(x) dx = \int_0^\infty x K_m x^{\frac{m}{2}-1} \exp\left(-\frac{x}{2}\right) dx = \int_0^\infty K_m x^{\frac{m}{2}} \exp\left(-\frac{x}{2}\right) dx$$

となる。これは、$\chi^2$ 分布に従う確率変数 $x$ の平均を与える。

第 7 章 χ²分布の確率密度関数

---

**演習 7-6　ガンマ関数**

$$\Gamma(z) = \int_0^\infty t^{z-1} e^{-t} dt$$

を利用して、上記積分を実行せよ。

---

**解）** ガンマ関数において $t = x/2$ という変数変換を行う。すると $2\,dt = dx$ であるから

$$\Gamma(z) = \int_0^\infty \left(\frac{x}{2}\right)^{z-1} \exp\left(-\frac{x}{2}\right)\frac{dx}{2} = \left(\frac{1}{2}\right)^z \int_0^\infty x^{z-1} \exp\left(-\frac{x}{2}\right)dx$$

と変形できる。

自由度 $m$ の確率密度関数では $x$ のべきが $m/2$ であるから、ガンマ関数に

$$z = \frac{m}{2} + 1$$

を代入する。すると

$$\Gamma\left(\frac{m}{2}+1\right) = \left(\frac{1}{2}\right)^{\frac{m}{2}+1} \int_0^\infty x^{\frac{m}{2}} \exp\left(-\frac{x}{2}\right)dx$$

となる。したがって

$$E[x] = \int_0^\infty K_m\, x^{\frac{m}{2}} \exp\left(-\frac{x}{2}\right)dx = K_m 2^{\frac{m}{2}+1} \Gamma\left(\frac{m}{2}+1\right)$$

のように変形できる。ここで係数は

$$K_m = \frac{1}{2^{\frac{m}{2}} \Gamma\left(\dfrac{m}{2}\right)}$$

であったから、これを代入すると

$$E[x] = 2^{\frac{m}{2}+1} \Gamma\left(\frac{m}{2}+1\right) \Big/ 2^{\frac{m}{2}} \Gamma\left(\frac{m}{2}\right)$$

となるが、ガンマ関数の漸化式

$$\Gamma(x+1) = x\,\Gamma(x)$$

を利用すると

*169*

$$\Gamma\left(\frac{m}{2}+1\right)=\frac{m}{2}\Gamma\left(\frac{m}{2}\right)$$

となるので

$$E[x]=2^{\frac{m}{2}+1}\Gamma\left(\frac{m}{2}+1\right)\Big/2^{\frac{m}{2}}\Gamma\left(\frac{m}{2}\right)=2\times\frac{m}{2}=m$$

となる。

---

このように、$\chi^2$分布の期待値、すなわち平均は自由度$m$になる。この理由を考えてみよう。$\chi^2$は

$$\chi^2=\sum_{i=1}^{n}\frac{(x_i-\bar{x})^2}{\sigma^2}=n\frac{V}{\sigma^2}$$

と与えられる。ここで、この期待値は、不偏推定値となる。ところで、すでに紹介したように、母分散$\sigma^2$の不偏推定値は、標本分散$V$と

$$\hat{\sigma}^2=\frac{n}{n-1}V$$

という関係にあるのであった。ただし、$n$は標本数である。したがって$\chi^2$分布の期待値は

$$E[\chi^2]=n\frac{V}{\hat{\sigma}^2}=nV\Big/\frac{n}{n-1}V=n-1$$

となり、結局、自由度$m=n-1$となるのである。


## 7.5. $\chi^2$分布の分散

それでは$\chi^2$分布の分散を求めてみよう。この場合

$$E\left[(x-\mu)^2\right]=\int_{-\infty}^{+\infty}(x-\mu)^2f(x)dx$$

を計算すればよかった。よって$\chi^2$分布では

$$E\left[(x-\mu)^2\right]=\int_{0}^{\infty}(x-\mu)^2K_m\,x^{\frac{m}{2}-1}\exp\left(-\frac{x}{2}\right)dx$$

となる。ここで

第 7 章　$\chi^2$ 分布の確率密度関数

$$(x - \mu)^2 = x^2 - 2\mu x + \mu^2$$

と展開すると

$$E\left[(x - \mu)^2\right] = \int_{-\infty}^{+\infty} (x - \mu)^2 f(x) dx$$

$$= K_m \left\{ \int_0^\infty x^{\frac{m}{2}+1} \exp\left(-\frac{x}{2}\right) dx - 2m \int_0^\infty x^{\frac{m}{2}} \exp\left(-\frac{x}{2}\right) dx + m^2 \int_0^\infty x^{\frac{m}{2}-1} \exp\left(-\frac{x}{2}\right) dx \right\}$$

となる。

---

**演習** 7-7　これら積分を、ガンマ関数を使って表現せよ。

---

**解）**　ガンマ関数は

$$\Gamma(t) = \left(\frac{1}{2}\right)^t \int_0^\infty x^{t-1} \exp\left(-\frac{x}{2}\right) dx$$

であったので

$$2^t \Gamma(t) = \int_0^\infty x^{t-1} \exp\left(-\frac{x}{2}\right) dx$$

となる。したがって

$$E\left[(x - \mu)^2\right] = 2^{\frac{m}{2}+2} K_m \Gamma\left(\frac{m}{2} + 2\right) - 2^{\frac{m}{2}+1} 2m K_m \Gamma\left(\frac{m}{2} + 1\right) + 2^{\frac{m}{2}} m^2 K_m \Gamma\left(\frac{m}{2}\right)$$

となる。

---

あとは、ガンマ関数の漸化式

$$\Gamma(t+1) = t \Gamma(t)$$

を使って変形していけばよい。

---

**演習** 7-8　ガンマ関数を利用して $E\left[(x-\mu)^2\right]$ を計算せよ。

---

**解）**　漸化式より

$$\Gamma\left(\frac{m}{2}+1\right)=\frac{m}{2}\Gamma\left(\frac{m}{2}\right)$$

$$\Gamma\left(\frac{m}{2}+2\right)=\left(\frac{m}{2}+1\right)\Gamma\left(\frac{m}{2}+1\right)=\left(\frac{m}{2}+1\right)\left(\frac{m}{2}\right)\Gamma\left(\frac{m}{2}\right)$$

という関係が成立する。よって

$$E\left[(x-\mu)^2\right]=2^{\frac{m}{2}}K_m\,\Gamma\left(\frac{m}{2}\right)\left\{4\left(\frac{m}{2}+1\right)\left(\frac{m}{2}\right)-4m\left(\frac{m}{2}\right)+m^2\right\}=2m2^{\frac{m}{2}}K_m\,\Gamma\left(\frac{m}{2}\right)$$

となる。ここで

$$K_m=\frac{1}{2^{\frac{m}{2}}\,\Gamma\left(\frac{m}{2}\right)}$$

であったから、結局

$$E\left[(x-\mu)^2\right]=2m$$

となる。

---

結局、$\chi^2$ 分布の分散の期待値は $2m$ となる。さて、最後に、$\chi^2$ 分布を検定に使う際の注意点を挙げていこう。まず、$\chi^2$ は

$$\chi^2=n\frac{V}{\sigma^2}$$

となるが、$V$ は、大きい側にも、小さい側にも、ずれる可能性がある。したがって、両側検定が必要となるのである。

### 7.6. モーメント母関数

実は、$\chi^2$ 分布の期待値は、モーメント母関数を利用することでも求めることができる。それを紹介しておこう。

---

**演習 7-9** $\chi^2$ 分布のモーメント母関数を求めよ。

第 7 章　$\chi^2$分布の確率密度関数

**解）**　自由度 $m$ の$\chi^2$分布の確率密度関数は

$$f(x) = K_m\, x^{\frac{m}{2}-1} \exp\left(-\frac{x}{2}\right)$$

となる。このとき、モーメント母関数は

$$M(t) = \int_{-\infty}^{+\infty} \exp(tx) f(x) dx$$

と与えられる。$\chi^2$分布の定義域は $x \geq 0$ であるから

$$M(t) = \int_0^\infty K_m\, x^{\frac{m}{2}-1} \exp\left\{\left(t-\frac{1}{2}\right)x\right\} dx$$

と与えられる。ここで

$$-u = \left(t-\frac{1}{2}\right)x \quad \text{と変数変換すると} \quad x = \frac{1}{(1/2)-t}u$$

また

$$dx = \frac{1}{(1/2)-t} du$$

から

$$M(t) = \int_0^\infty K_m \left(\frac{u}{(1/2)-t}\right)^{\frac{m}{2}-1} \exp(-u)\left(\frac{1}{(1/2)-t}\right) du$$

$$= \int_0^\infty K_m \left(\frac{1}{(1/2)-t}\right)^{\frac{m}{2}} u^{\frac{m}{2}-1} \exp(-u) du = K_m \left(\frac{1}{(1/2)-t}\right)^{\frac{m}{2}} \int_0^\infty u^{\frac{m}{2}-1} \exp(-u) du$$

と変形できる。ここで積分項は、まさにガンマ関数

$$\Gamma\left(\frac{m}{2}\right) = \int_0^\infty u^{\frac{m}{2}-1} \exp(-u)\, du$$

であるから

$$M(t) = K_m \left(\frac{1}{(1/2)-t}\right)^{\frac{m}{2}} \Gamma\left(\frac{m}{2}\right)$$

となる。ここで $K_m$ は

*173*

$$K_m = \frac{1}{2^{\frac{m}{2}} \Gamma\left(\frac{m}{2}\right)}$$

であったので

$$M(t) = \frac{1}{2^{\frac{m}{2}} \Gamma\left(\frac{m}{2}\right)} \left(\frac{1}{(1/2) - t}\right)^{\frac{m}{2}} \Gamma\left(\frac{m}{2}\right) = (1 - 2t)^{-\frac{m}{2}}$$

となる。

---

つまり、$\chi^2$分布の確率密度関数のモーメント母関数は

$$M(t) = (1 - 2t)^{-\frac{m}{2}}$$

と実に簡単なかたちをしている。

ここで、その1次のモーメントは

$$M'(t) = m(1 - 2t)^{-\frac{m}{2} - 1}$$

となり、$t = 0$ を代入すると

$$M'(0) = m$$

となる。つぎに2次のモーメントは

$$M''(t) = (m^2 + 2m)(1 - 2t)^{-\frac{m}{2} - 2}$$

となるので、$t = 0$ を代入すると

$$M''(0) = m^2 + 2m$$

となる。

したがって、平均と分散は

$$E[x] = M'(0) = m$$

$$V[x] = E[x^2] - \left(E[x]\right)^2 = m^2 + 2m - m^2 = 2m$$

となって、平均が $m$、分散が $2m$ と与えられる。

第 7 章　$\chi^2$ 分布の確率密度関数

## 7.7.　標準偏差の不偏推定値

それでは、宿題であった標準偏差の不偏推定値を求めることにしよう。

母分散の不偏推定値は

$$s^2 = \frac{(x_1 - \overline{x})^2 + ... + (x_n - \overline{x})^2}{n-1}$$

であった。よって、標準偏差は

$$s = \sqrt{\frac{(x_1 - \overline{x})^2 + ... + (x_n - \overline{x})^2}{n-1}}$$

となるが、その不偏推定値は、期待値によって与えられる。このとき、$s$ は平方根となっているため、項別分解はできないので

$$(x_1 - \overline{x})^2 + ... + (x_n - \overline{x})^2$$

という和が従う確率分布を利用する必要がある。ここで

$$\chi^2 = \frac{(x_1 - \overline{x})^2 + ... + (x_n - \overline{x})^2}{\sigma^2}$$

は、自由度 $m\,(=n-1)$ の $\chi^2$ 分布の確率密度関数に従う。この確率変数を $y$ と置くと、標準偏差は

$$s = \sqrt{\frac{\sigma^2}{n-1} y}$$

と与えられる。したがって、この期待値を求めればよいことになる。

ここで、自由度 $m$ の $\chi^2$ 分布の確率密度関数の一般式は

$$f(y) = \frac{1}{2^{\frac{m}{2}} \Gamma\left(\frac{m}{2}\right)} y^{\frac{m}{2}-1} \exp\left(-\frac{y}{2}\right)$$

となるが、$m = n-1$ であるから、標本数 $n$ の表記では

$$f(y) = \frac{1}{2^{\frac{n-1}{2}} \Gamma\left(\frac{n-1}{2}\right)} y^{\frac{n-1}{2}-1} \exp\left(-\frac{y}{2}\right)$$

となる。したがって

*175*

$$E[s] = E\left[\sqrt{\frac{\sigma^2}{n-1}y}\right] = \int_0^\infty \sqrt{\frac{\sigma^2}{n-1}y}\, f(y)dy$$

を計算すれば、標準偏差の不偏推定値が得られることになる。

---

**演習 7-10** つぎの積分を計算せよ。

$$\int_0^\infty \sqrt{\frac{\sigma^2}{n-1}y}\, f(y)dy$$

---

**解）**

$$f(y) = \frac{1}{2^{\frac{n-1}{2}}\,\Gamma\!\left(\dfrac{n-1}{2}\right)}\, y^{\frac{n-1}{2}-1} \exp\!\left(-\frac{y}{2}\right)$$

であるから

$$\int_0^\infty \sqrt{\frac{\sigma^2}{n-1}y}\, f(y)dy = \int_0^\infty \sqrt{\frac{\sigma^2}{n-1}y}\, \frac{1}{2^{\frac{n-1}{2}}\,\Gamma\!\left(\dfrac{n-1}{2}\right)}\, y^{\frac{n-1}{2}-1} \exp\!\left(-\frac{y}{2}\right)dy$$

$$= \sqrt{\frac{\sigma^2}{n-1}}\, \frac{1}{2^{\frac{n-1}{2}}\,\Gamma\!\left(\dfrac{n-1}{2}\right)} \int_0^\infty y^{\frac{n}{2}-1} \exp\!\left(-\frac{y}{2}\right)dy$$

となる。

ここで、自由度 $m$ の $\chi^2$ 分布の確率密度関数は

$$f(y) = \frac{1}{2^{\frac{m}{2}}\,\Gamma\!\left(\dfrac{m}{2}\right)}\, y^{\frac{m}{2}-1} \exp\!\left(-\frac{y}{2}\right)$$

であるから、確率密度関数の性質から

$$\int_0^\infty f(y)dy = \int_0^\infty \frac{1}{2^{\frac{m}{2}}\,\Gamma\!\left(\dfrac{m}{2}\right)}\, y^{\frac{m}{2}-1} \exp\!\left(-\frac{y}{2}\right)dy = 1$$

となる。よって

第 7 章　$\chi^2$ 分布の確率密度関数

$$\int_0^\infty y^{\frac{m}{2}-1} \exp\left(-\frac{y}{2}\right) dy = 2^{\frac{m}{2}} \Gamma\left(\frac{m}{2}\right)$$

と与えられ

$$\int_0^\infty \sqrt{\frac{\sigma^2}{n-1}y}\, f(y) dy = \sqrt{\frac{\sigma^2}{n-1}}\, \frac{1}{2^{\frac{n-1}{2}} \Gamma\left(\frac{n-1}{2}\right)} 2^{\frac{n}{2}} \Gamma\left(\frac{n}{2}\right)$$

$$= \sqrt{\frac{\sigma^2}{n-1}}\, \sqrt{2}\, \frac{\Gamma\left(\frac{n}{2}\right)}{\Gamma\left(\frac{n-1}{2}\right)}$$

となる。

---

したがって

$$E[s] = E\left[\sqrt{\frac{\sigma^2}{n-1}y}\right] = \sqrt{\frac{\sigma^2}{n-1}}\, \sqrt{2}\, \frac{\Gamma\left(\frac{n}{2}\right)}{\Gamma\left(\frac{n-1}{2}\right)}$$

から

$$E[s] = \sqrt{\frac{2}{n-1}}\, \frac{\Gamma\left(\frac{n}{2}\right)}{\Gamma\left(\frac{n-1}{2}\right)} \sigma$$

となる。

よって、$\sigma$ は標準偏差の不偏推定値ではなく、標本数が $n$ の場合

$$C_n = \sqrt{\frac{2}{n-1}}\, \frac{\Gamma\left(\frac{n}{2}\right)}{\Gamma\left(\frac{n-1}{2}\right)}$$

だけの補正が必要になる。$C_n$ を修正係数 (correction factor) と呼ぶ。

演習 7-11　標本数 $n = 3$ のときの修正係数 $C_3$ の値を求めよ。

解）　$n = 3$ を $C_n$ に代入すると

$$C_3 = \sqrt{\frac{2}{3-1}} \frac{\Gamma\left(\dfrac{3}{2}\right)}{\Gamma\left(\dfrac{3-1}{2}\right)} = \frac{\Gamma\left(\dfrac{3}{2}\right)}{\Gamma(1)} = \frac{\sqrt{\pi}}{2} \cong 0.886$$

となる。

標本数が $n = 10$ では

$$C_{10} = \frac{\sqrt{2}}{3} \frac{\Gamma(5)}{\Gamma\left(\dfrac{9}{2}\right)} = \frac{128}{105}\sqrt{\frac{2}{\pi}} \cong 0.973$$

となり、ほぼ 1 となる。このように、標本数が増えれば、補正の必要のないことがわかる。

# 第8章　$F$分布の確率密度関数

　異なる正規母集団 A, B の分散を、それぞれの集団から取り出した標本データをもとに比較したい場合に用いられるのが $F$ 分布である。

　このとき、$F$ 分布は

$$F(\phi_A, \phi_B) = \frac{\chi_A^2}{\phi_A} \bigg/ \frac{\chi_B^2}{\phi_B}$$

のように、$\chi^2$ 分布の比として与えられる。ただし、$\phi_A$ および $\phi_B$ は、それぞれの $\chi^2$ 分布の自由度である。$\chi^2$ は、母分散を $\sigma^2$ とすると

$$\chi^2(\phi=1) = \frac{(x_1-\overline{x})^2 + (x_2-\overline{x})^2}{\sigma^2}$$

$$\chi^2(\phi=2) = \frac{(x_1-\overline{x})^2 + (x_2-\overline{x})^2 + (x_3-\overline{x})^2}{\sigma^2}$$

と与えられる。

　このように、$\chi^2$ は自由度によって変化する。そして

$$\chi^2(\phi=n-1) = \sum_{i=1}^{n} \frac{(x_i-\overline{x})^2}{\sigma^2} = \frac{n-1}{\sigma^2} \sum_{i=1}^{n} \frac{(x_i-\overline{x})^2}{n-1} = \frac{\phi}{\sigma^2} \sum_{i=1}^{n} \frac{(x_i-\overline{x})^2}{n-1}$$

から

$$\frac{\chi^2}{\phi} = \frac{1}{\sigma^2} \sum_{i=1}^{n} \frac{(x_i-\overline{x})^2}{n-1}$$

という関係が得られる。ここで

$$\sum_{i=1}^{n} \frac{(x_i-\overline{x})^2}{n-1}$$

が標本分散である。

　よって、自由度の違いを考慮して、分散の比を計算するには、$\chi^2$ を自由度 $\phi$ で除す必要があることがわかる。さらに

$$F(\phi_{\mathrm{B}}, \phi_{\mathrm{A}}) = \frac{\chi_{\mathrm{B}}^2}{\phi_{\mathrm{B}}} \bigg/ \frac{\chi_{\mathrm{A}}^2}{\phi_{\mathrm{A}}}$$

であるから

$$F(\phi_{\mathrm{A}}, \phi_{\mathrm{B}}) = \frac{\chi_{\mathrm{A}}^2}{\phi_{\mathrm{A}}} \bigg/ \frac{\chi_{\mathrm{B}}^2}{\phi_{\mathrm{B}}} = \frac{1}{F(\phi_{\mathrm{B}}, \phi_{\mathrm{A}})}$$

という関係にあることもわかる。

　今後は、計算の便宜性から、自由度については、$p, q$ と表記する。

## 8.1. $F$ 分布の確率密度関数

　それでは、自由度 $(p, q)$ の $F$ 分布の確率密度関数 $f(x)$ はどうなるのであろうか。まず、この分布は、分散の比であるから、その定義域は $x \geq 0$ であることが明らかである。そして、$F$ 分布の確率密度関数 $f(x)$ は

$$f(x) = F_{p,q} \frac{x^{\frac{p}{2}-1}}{\left(1 + \dfrac{p}{q} x\right)^{\frac{p+q}{2}}}$$

と与えられる。

　ここで、$F_{p,q}$ は定数であり

$$F_{p,q} = \frac{\Gamma\left(\dfrac{p+q}{2}\right)}{\Gamma\left(\dfrac{p}{2}\right)\Gamma\left(\dfrac{q}{2}\right)} \left(\frac{p}{q}\right)^{\frac{p}{2}}$$

と与えられる。

---

**演習** 8-1　　自由度が $p = 3, q = 2$ の場合の定数項を求めよ。

---

**解)**　　$F_{p,q} = \dfrac{\Gamma\left(\dfrac{p+q}{2}\right)}{\Gamma\left(\dfrac{p}{2}\right)\Gamma\left(\dfrac{q}{2}\right)} \left(\dfrac{p}{q}\right)^{\frac{p}{2}}$ の $p, q$ に $3, 2$ を代入すると

$$F_{3,2} = \frac{\Gamma\left(\dfrac{5}{2}\right)}{\Gamma\left(\dfrac{3}{2}\right)\Gamma\left(\dfrac{2}{2}\right)} \left(\frac{3}{2}\right)^{\frac{3}{2}} = \frac{\Gamma\left(\dfrac{5}{2}\right)}{\Gamma\left(\dfrac{3}{2}\right)\Gamma(1)} (1.5)^{1.5}$$

*180*

## 第8章　$F$分布の確率密度関数

となる。ガンマ関数の漸化式から

$$\Gamma\left(\frac{5}{2}\right) = \frac{3}{2}\Gamma\left(\frac{3}{2}\right)$$

となる。さらに、$\Gamma(1) = 1$ であったから、結局

$$F_{3,2} = \frac{\dfrac{3}{2}\Gamma\left(\dfrac{3}{2}\right)}{\Gamma\left(\dfrac{3}{2}\right)}(1.5)^{1.5} = 2.76$$

となり、定数項 $F_{3,2}$ は 2.76 と与えられる。

---

よって、自由度が $p = 3, q = 2$ の場合の確率密度関数は

$$f(x) = F_{p,q}\frac{x^{\frac{p}{2}-1}}{\left(1+\dfrac{p}{q}x\right)^{\frac{p+q}{2}}} = F_{3,2}\frac{x^{\frac{3}{2}-1}}{\left(1+\dfrac{3}{2}x\right)^{\frac{5}{2}}} = 2.76\, x^{\frac{1}{2}}\left(1+\frac{3}{2}x\right)^{-\frac{5}{2}}$$

となる。

この関数をプロットすると図 8-1 のようになる。

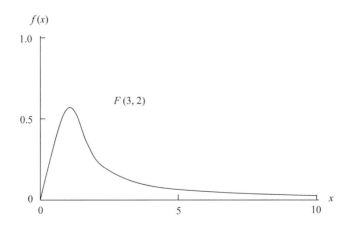

図 8-1　自由度が (3, 2) の $F$ 分布

これが自由度 (3, 2) の F 分布である。このように、一般式の見た目は複雑であるが、実際に数値を代入して計算してみると、比較的簡単なグラフとなることがわかる。

**演習 8-2** 自由度が (2, 3) の F 分布の確率密度関数を求めグラフを描け。

**解）** まず定数項から求めると

$$F_{2,3} = \frac{\Gamma\left(\frac{2+3}{2}\right)}{\Gamma\left(\frac{2}{2}\right)\Gamma\left(\frac{3}{2}\right)}\left(\frac{2}{3}\right)^{\frac{2}{2}} = \frac{\Gamma\left(\frac{5}{2}\right)}{\Gamma(1)\Gamma\left(\frac{3}{2}\right)}\left(\frac{2}{3}\right) = \frac{\frac{3}{2}\Gamma\left(\frac{3}{2}\right)}{\Gamma(1)\Gamma\left(\frac{3}{2}\right)}\left(\frac{2}{3}\right) = 1$$

となって 1 となる。よって確率密度関数は

$$f(x) = F_{2,3} \frac{x^{\frac{2}{2}-1}}{\left(1+\frac{2}{3}x\right)^{\frac{2+3}{2}}} = \left(1+\frac{2}{3}x\right)^{-\frac{5}{2}}$$

と与えられ、グラフは図 8-2 のようになる。

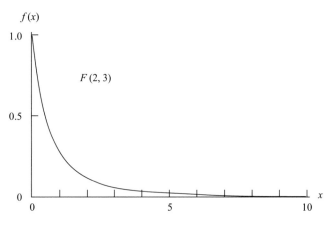

図 8-2 自由度が (2, 3) の F 分布

第 8 章　$F$ 分布の確率密度関数

それでは $F$ 分布の確率密度関数について、少し考察を加えてみよう。まず、一般式に $p = 1$ を代入すると

$$f(x) = F_{p,q} \frac{x^{\frac{p}{2}-1}}{\left(1 + \dfrac{p}{q}x\right)^{\frac{p+q}{2}}} = F_{1,q} \frac{x^{-\frac{1}{2}}}{\left(1 + \dfrac{x}{q}\right)^{\frac{q+1}{2}}} = F_{1,q} \, x^{-\frac{1}{2}} \left(1 + \frac{x}{q}\right)^{-\frac{q+1}{2}}$$

となる。

ここで $t$ 分布の確率密度関数をあらためて示すと

$$f(x) = T_n \left(1 + \frac{x^2}{n}\right)^{-\frac{n+1}{2}}$$

となって、よく似ていることがわかる。ここにヒントがある。

---

**演習 8-3**　$p = 1$ の場合、つまり、自由度 $(1, q)$ の $F$ 分布に対応した確率密度関数の定数 $F_{p,q}$ を求めよ。

---

　**解)**　$F_{p,q} = \dfrac{\Gamma\left(\dfrac{p+q}{2}\right)}{\Gamma\left(\dfrac{p}{2}\right)\Gamma\left(\dfrac{q}{2}\right)}\left(\dfrac{p}{q}\right)^{\frac{p}{2}}$ に $p = 1$ を代入すると

$$F_{1,q} = \frac{\Gamma\left(\dfrac{1+q}{2}\right)}{\Gamma\left(\dfrac{1}{2}\right)\Gamma\left(\dfrac{q}{2}\right)}\left(\dfrac{1}{q}\right)^{\frac{1}{2}} = \frac{\Gamma\left(\dfrac{q+1}{2}\right)}{\sqrt{q\pi}\,\Gamma\left(\dfrac{q}{2}\right)}$$

となる。

---

ところで、自由度 $n$ の $t$ 分布の定数項は

$$T_n = \frac{\Gamma\left(\dfrac{n+1}{2}\right)}{\sqrt{n\pi}\,\Gamma\left(\dfrac{n}{2}\right)}$$

であった。これを見ると、自由度 $(1, q)$ の $F$ 分布の定数項の $q$ に $n$ を代入した
ものと、まったく同じである。

## 8.2. $F$ 分布と $t$ 分布

実は、$t$ 分布に従う確率変数 $x$ に対して

$$y = x^2$$

と置き換えた分布が $F(1, n)$ 分布なのである。$t$ 分布において、区間 $a \leq x \leq b$ に
対応する積分は

$$P(a \leq x \leq b) = \int_a^b T_n \left(1 + \frac{x^2}{n}\right)^{-\frac{n+1}{2}} dx$$

となる。ただし、$b > a > 0$ とする。

---

**演習** 8-4　　この積分において、$y = x^2$ と変数変換せよ。

---

**解）**　　$dy = 2x dx$　　$dx = \dfrac{1}{2x} dy = \dfrac{1}{2\sqrt{y}} dy$　となる。また、積分範囲は

$a^2 \leq y \leq b^2$ へと変わる。よって

$$\int_a^b T_n \left(1 + \frac{x^2}{n}\right)^{-\frac{n+1}{2}} dx = \int_{a^2}^{b^2} T_n \left(1 + \frac{y}{n}\right)^{-\frac{n+1}{2}} \frac{1}{2\sqrt{y}} dy$$

と変形できる。ここで、右辺の被積分関数を整理すると

$$T_n \left(1 + \frac{y}{n}\right)^{-\frac{n+1}{2}} \frac{1}{2\sqrt{y}} = \frac{1}{2} T_n \, y^{-\frac{1}{2}} \left(1 + \frac{y}{n}\right)^{-\frac{n+1}{2}}$$

となる。したがって

$$P(a^2 \leq y \leq b^2) = \frac{T_n}{2} \int_{a^2}^{b^2} y^{-\frac{1}{2}} \left(1 + \frac{y}{n}\right)^{-\frac{n+1}{2}} dy$$

となる。

第 8 章　$F$ 分布の確率密度関数

よって

$$\int_a^b T_n\left(1+\frac{x^2}{n}\right)^{-\frac{n+1}{2}}dx = \frac{1}{2}\int_{a^2}^{b^2} T_n\, y^{-\frac{1}{2}}\left(1+\frac{y}{n}\right)^{-\frac{n+1}{2}}dy$$

のように、右辺に係数 1/2 がついている。この理由は簡単で

$$P\left(-b \le x \le -a\right) = \int_{-b}^{-a} T_n\left(1+\frac{x^2}{n}\right)^{-\frac{n+1}{2}}dx$$

もカウントする必要があるからである。

　つまり

$$P\left(a^2 \le y \le b^2\right) = P\left(a \le x \le b\right) + P\left(-b \le x \le -a\right)$$

という関係にある。

---

**演習 8-5**　$b > a > 0$ とするとき $P\left(-b \le x \le -a\right)$ を $y = x^2$ と変数変換した場合の被積分関数を求めよ。

---

　**解）**　$y = x^2$ と置いたとき、$y = a^2$ には $x = \pm a$ が対応する。負の場合には

$$dx = -\frac{1}{2\sqrt{y}}dy$$

となり

$$P\left(-b \le x \le -a\right) = \int_{-b}^{-a} T_n\left(1+\frac{x^2}{n}\right)^{-\frac{n+1}{2}}dx = \int_{b^2}^{a^2} T_n\left(1+\frac{y}{n}\right)^{-\frac{n+1}{2}}\left(-\frac{1}{2\sqrt{y}}\right)dy$$

$$= \int_{a^2}^{b^2} T_n\left(1+\frac{y}{n}\right)^{-\frac{n+1}{2}}\left(\frac{1}{2\sqrt{y}}\right)dy$$

この被積分関数を整理すると

$$T_n\left(1+\frac{y}{n}\right)^{-\frac{n+1}{2}}\frac{1}{2\sqrt{y}} = \frac{1}{2}T_n\, y^{-\frac{1}{2}}\left(1+\frac{y}{n}\right)^{-\frac{n+1}{2}}$$

となって、正の領域で計算したものと、同じになる。

*185*

ここで、$F(p, q)$ の確率密度関数は

$$f(x) = F_{p,q} \frac{x^{\frac{p}{2}-1}}{\left(1 + \frac{p}{q}x\right)^{\frac{p+q}{2}}}$$

であったので、$F(1, n)$ の確率密度関数は

$$h(y) = F_{1,n} \frac{y^{\frac{1}{2}-1}}{\left(1 + \frac{1}{n}y\right)^{\frac{1+n}{2}}} = F_{1,n}\, y^{-\frac{1}{2}}\left(1 + \frac{y}{n}\right)^{-\frac{n+1}{2}}$$

となる。ここで、演習 8-3 で確認したように
$$T_n = F_{1,n}$$
であったので

$$h(y) = T_n\, y^{-\frac{1}{2}}\left(1 + \frac{y}{n}\right)^{-\frac{n+1}{2}}$$

となる。これは、まさに、いま求めた確率密度関数に一致する。

## 8.3. $F$ 分布の期待値

ここで、確率密度変数 $x$ の平均は、確率密度関数を $f(x)$ とするとき

$$E[x] = \int_0^{+\infty} x f(x) dx$$

のような期待値によって与えられるのであった。

　自由度 $(p, q)$ の $F$ 分布の確率密度関数は

$$f(x) = F_{p,q} \frac{x^{\frac{p}{2}-1}}{\left(1 + \frac{p}{q}x\right)^{\frac{p+q}{2}}} \qquad F_{p,q} = \frac{\Gamma\left(\frac{p+q}{2}\right)}{\Gamma\left(\frac{p}{2}\right)\Gamma\left(\frac{q}{2}\right)}\left(\frac{p}{q}\right)^{\frac{p}{2}}$$

と与えられる。したがって

第 8 章　$F$ 分布の確率密度関数

$$E[x] = \int_0^{+\infty} x F_{p,q} \frac{x^{\frac{p}{2}-1}}{\left(1+\frac{p}{q}x\right)^{\frac{p+q}{2}}} dx = F_{p,q} \int_0^{+\infty} \frac{x^{\frac{p}{2}}}{\left(1+\frac{p}{q}x\right)^{\frac{p+q}{2}}} dx$$

という積分となる。

被積分関数の分子分母に $q^{\frac{p+q}{2}}$ を掛けると

$$\frac{q^{\frac{p+q}{2}} x^{\frac{p}{2}}}{(q+px)^{\frac{p+q}{2}}} = \frac{q^{\frac{q}{2}}(qx)^{\frac{p}{2}}}{(q+px)^{\frac{p+q}{2}}}$$

と変形できる。よって

$$E[x] = F_{p,q} q^{\frac{q}{2}} \int_0^\infty \frac{(qx)^{\frac{p}{2}}}{(q+px)^{\frac{p+q}{2}}} dx$$

となる。

---

**演習 8-6**　上記積分に　$t = \dfrac{px}{q+px}$　という変数変換を施せ。

---

**解）**　$t = \dfrac{px}{q+px}$　という変数変換を行うと

$$(q+px)t = px \qquad qt = px(1-t) \qquad x = \frac{q}{p}\frac{t}{1-t}$$

となる。ここで両辺を微分すると

$$dx = \frac{q}{p}\frac{(t)'(1-t) - t\cdot(1-t)'}{(1-t)^2} dt = \frac{q}{p}\frac{1}{(1-t)^2} dt$$

また

$$q+px = q + p\frac{q}{p}\frac{t}{1-t} = q + q\frac{t}{1-t} = \frac{q}{1-t}$$

と変形でき、さらに積分範囲は　$t = \dfrac{px}{q+px}$　より、$x = 0$ のとき $t = 0$ ，$x = \infty$

187

のとき、$\displaystyle \lim_{x \to \infty} \frac{px}{q+px} = \lim_{x \to \infty} \frac{p}{\dfrac{q}{x}+p} = \frac{p}{p} = 1$ より $t=1$ となる。よって

$$E[x] = F_{p,q} \, q^{\frac{q}{2}} \int_0^\infty \frac{(qx)^{\frac{p}{2}}}{(q+px)^{\frac{p+q}{2}}} dx = F_{p,q} \, q^{\frac{q}{2}} \int_0^1 \frac{\left(q\dfrac{q}{p}\dfrac{t}{1-t}\right)^{\frac{p}{2}}}{\left(\dfrac{q}{1-t}\right)^{\frac{p+q}{2}}} \frac{q}{p}\frac{1}{(1-t)^2} dt$$

ここで被積分関数を整理すると

$$\frac{\left(q\dfrac{q}{p}\dfrac{t}{1-t}\right)^{\frac{p}{2}}}{\left(\dfrac{q}{1-t}\right)^{\frac{p+q}{2}}} \frac{q}{p}\frac{1}{(1-t)^2} = \left(\frac{q^2}{p}\right)^{\frac{p}{2}}\left(\frac{1}{q}\right)^{\frac{p+q}{2}}\frac{q}{p}t^{\frac{p}{2}}\left(\frac{1}{1-t}\right)^{\frac{p}{2}}\left(\frac{1}{1-t}\right)^{-\frac{p+q}{2}}\left(\frac{1}{1-t}\right)^2$$

$$= \left(\frac{q}{p}\right)^{\frac{p}{2}}\left(\frac{1}{q}\right)^{\frac{q}{2}}\frac{q}{p}t^{\frac{p}{2}}\left(\frac{1}{1-t}\right)^{2-\frac{q}{2}} = \left(\frac{q}{p}\right)^{\frac{p+1}{2}}\left(\frac{1}{q}\right)^{\frac{q}{2}}t^{\frac{p}{2}}(1-t)^{\frac{q}{2}-2}$$

よって

$$E[x] = F_{p,q} \, q^{\frac{q}{2}} \int_0^1 \frac{\left(q\dfrac{q}{p}\dfrac{t}{1-t}\right)^{\frac{p}{2}}}{\left(\dfrac{q}{1-t}\right)^{\frac{p+q}{2}}} \frac{q}{p}\frac{1}{(1-t)^2} dt = F_{p,q}\left(\frac{q}{p}\right)^{\frac{p+1}{2}} \int_0^1 t^{\frac{p}{2}}(1-t)^{\frac{q}{2}-2} dt$$

と変形できる。

---

**演習** 8-7　上記の積分を $B(m,n) = \displaystyle\int_0^1 x^{m-1}(1-x)^{n-1} dx$ のかたちに変形せよ。

---

**解）**　ベータ関数は

$$B(m,n) = \int_0^1 x^{m-1}(1-x)^{n-1} dx$$

であったので

*188*

第 8 章　$F$ 分布の確率密度関数

$$E[x] = F_{p,q}\left(\frac{q}{p}\right)^{\frac{p}{2}+1} \int_0^1 t^{\frac{p}{2}} (1-t)^{\frac{q}{2}-2} dt = F_{p,q}\left(\frac{q}{p}\right)^{\frac{p}{2}+1} \int_0^1 t^{\frac{p}{2}+1-1} (1-t)^{\frac{q}{2}-1-1} dt$$

$$= F_{p,q}\left(\frac{q}{p}\right)^{\frac{p}{2}+1} B\left(\frac{p}{2}+1,\ \frac{q}{2}-1\right)$$

となる。

---

あとは、ベータ関数とガンマ関数の性質を利用して計算を進めていけばよい。ここで、自由度 $(p,q)$ の $F$ 分布の定数 $F_{p,q}$ およびベータ関数をガンマ関数で示すと

$$F_{p,q} = \frac{\Gamma\left(\frac{p+q}{2}\right)}{\Gamma\left(\frac{p}{2}\right)\Gamma\left(\frac{q}{2}\right)}\left(\frac{p}{q}\right)^{\frac{p}{2}} \qquad B\left(\frac{p}{2}+1,\ \frac{q}{2}-1\right) = \frac{\Gamma\left(\frac{p}{2}+1\right)\Gamma\left(\frac{q}{2}-1\right)}{\Gamma\left(\frac{p+q}{2}\right)}$$

となる。

---

**演習 8-8**　ガンマ関数の性質を利用して、$E[x]$ を計算せよ。

---

**解）**

$$F_{p,q}\left(\frac{q}{p}\right)^{\frac{p}{2}+1} B\left(\frac{p}{2}+1,\ \frac{q}{2}-1\right) = \frac{\Gamma\left(\frac{p+q}{2}\right)}{\Gamma\left(\frac{p}{2}\right)\Gamma\left(\frac{q}{2}\right)}\left(\frac{p}{q}\right)^{\frac{p}{2}}\left(\frac{q}{p}\right)^{\frac{p}{2}+1} \frac{\Gamma\left(\frac{p}{2}+1\right)\Gamma\left(\frac{q}{2}-1\right)}{\Gamma\left(\frac{p+q}{2}\right)}$$

$$= \left(\frac{q}{p}\right)\frac{\Gamma\left(\frac{p}{2}+1\right)\Gamma\left(\frac{q}{2}-1\right)}{\Gamma\left(\frac{p}{2}\right)\Gamma\left(\frac{q}{2}\right)}$$

ここでガンマ関数の漸化式から

$$\Gamma\left(\frac{p}{2}+1\right) = \frac{p}{2}\Gamma\left(\frac{p}{2}\right) \qquad \Gamma\left(\frac{q}{2}\right) = \left(\frac{q}{2}-1\right)\Gamma\left(\frac{q}{2}-1\right)$$

189

となるので、これを代入すると

$$E[x] = \left(\frac{q}{p}\right)\frac{\Gamma\left(\dfrac{p}{2}+1\right)\Gamma\left(\dfrac{q}{2}-1\right)}{\Gamma\left(\dfrac{p}{2}\right)\Gamma\left(\dfrac{q}{2}\right)} = \left(\frac{q}{p}\right)\frac{\dfrac{p}{2}}{\dfrac{q}{2}-1} = \frac{q}{q-2}$$

と与えられる。

---

計算に苦労したが、結局、$F(p,q)$ 分布の平均は

$$E[x] = \frac{q}{q-2}$$

となる。不思議なことに、分子の自由度 $p$ には依存しないのである。さらに、この式からわかるように、$F$ 分布では $q \geq 3$ でなければ平均値が存在しないことになる。

### 8.4. $F$ 分布の分散

それでは、つぎに、$F$ 分布の分散を求めてみよう。確率密度変数の場合、分散は

$$V[x] = E[x^2] - \left(E[x]\right)^2$$

によって与えられるのであった。すでに、$E[x]$ が求められているので、$E[x^2]$ を計算すればよいことになる。

---

**演習** 8-9  確率変数 $x$ が自由度 $(p,q)$ の $F$ 分布に従うときの $E[x^2]$ をベータ関数のかたちで求めよ。

---

**解**)  自由度 $(p,q)$ の $F$ 分布の確率密度関数は

$$f(x) = F_{p,q}\,\frac{x^{\frac{p}{2}-1}}{\left(1+\dfrac{p}{q}x\right)^{\frac{p+q}{2}}} \qquad F_{p,q} = \frac{\Gamma\left(\dfrac{p+q}{2}\right)}{\Gamma\left(\dfrac{p}{2}\right)\Gamma\left(\dfrac{q}{2}\right)}\left(\frac{p}{q}\right)^{\frac{p}{2}}$$

で与えられる。平均はすでに求めているので、$x^2$ の期待値を求めてみよう。

第 8 章　$F$ 分布の確率密度関数

$$E\left[x^2\right]=\int_0^{+\infty} x^2 F_{p,q}\frac{x^{\frac{p}{2}-1}}{\left(1+\dfrac{p}{q}x\right)^{\frac{p+q}{2}}}dx=F_{p,q}\int_0^{+\infty}\frac{x^{\frac{p}{2}+1}}{\left(1+\dfrac{p}{q}x\right)^{\frac{p+q}{2}}}dx$$

被積分関数の分子分母に $q^{\frac{p+q}{2}}$ を掛けると

$$\frac{q^{\frac{p+q}{2}}x^{\frac{p}{2}+1}}{\left(q+px\right)^{\frac{p+q}{2}}}=\frac{q^{\frac{q}{2}-1}\left(qx\right)^{\frac{p}{2}+1}}{\left(q+px\right)^{\frac{p+q}{2}}}$$

と変形できる。よって

$$E\left[x^2\right]=F_{p,q}\,q^{\frac{q}{2}-1}\int_0^{\infty}\frac{\left(qx\right)^{\frac{p}{2}+1}}{\left(q+px\right)^{\frac{p+q}{2}}}\,dx$$

と与えられる。ここで、平均の場合と同様に

$$t=\frac{px}{q+px}\qquad x=\frac{q}{p}\frac{t}{1-t}$$

という変数変換を行う。すると

$$E\left[x^2\right]=F_{p,q}\,q^{\frac{q}{2}-1}\int_0^{\infty}\frac{\left(qx\right)^{\frac{p}{2}+1}}{\left(q+px\right)^{\frac{p+q}{2}}}dx=F_{p,q}\,q^{\frac{q}{2}-1}\int_0^1\frac{\left(q\dfrac{q}{p}\dfrac{t}{1-t}\right)^{\frac{p}{2}+1}}{\left(\dfrac{q}{1-t}\right)^{\frac{p+q}{2}}}\frac{q}{p}\frac{1}{(1-t)^2}dt$$

ここで被積分関数を整理すると

$$\frac{\left(q\dfrac{q}{p}\dfrac{t}{1-t}\right)^{\frac{p}{2}+1}}{\left(\dfrac{q}{1-t}\right)^{\frac{p+q}{2}}}\frac{q}{p}\frac{1}{(1-t)^2}=\left(\frac{q^2}{p}\right)^{\frac{p}{2}+1}\left(\frac{1}{q}\right)^{\frac{p+q}{2}}\frac{q}{p}t^{\frac{p}{2}+1}\left(\frac{1}{1-t}\right)^{\frac{p}{2}+1}\left(\frac{1}{1-t}\right)^{-\frac{p+q}{2}}\left(\frac{1}{1-t}\right)^2$$

$$=\frac{q^2}{p}\left(\frac{q}{p}\right)^{\frac{p}{2}}\left(\frac{1}{q}\right)^{\frac{q}{2}}\frac{q}{p}t^{\frac{p}{2}+1}\left(\frac{1}{1-t}\right)^{3-\frac{q}{2}}=\left(\frac{q}{p}\right)^{\frac{p}{2}+2}\left(\frac{1}{q}\right)^{\frac{q}{2}-1}t^{\frac{p}{2}+1}\left(1-t\right)^{\frac{q}{2}-3}$$

よって

$$E\left[x^2\right]=F_{p,q}\left(\frac{q}{p}\right)^{\frac{p}{2}+2}\int_0^1 t^{\frac{p}{2}+1}(1-t)^{\frac{q}{2}-3}dt$$

191

と変形できる。ここで、ベータ関数の標準形は

$$B(m, n) = \int_0^1 x^{m-1}(1-x)^{n-1}dx$$

であるので

$$E\left[x^2\right] = F_{p,q}\left(\frac{q}{p}\right)^{\frac{p}{2}+2}\int_0^1 t^{\frac{p}{2}+1}(1-t)^{\frac{q}{2}-3}dt = F_{p,q}\left(\frac{q}{p}\right)^{\frac{p}{2}+2}\int_0^1 t^{\frac{p}{2}+2-1}(1-t)^{\frac{q}{2}-2-1}dt$$

$$= F_{p,q}\left(\frac{q}{p}\right)^{\frac{p}{2}+2}B\left(\frac{p}{2}+2, \frac{q}{2}-2\right)$$

となる。

---

ここで、$F_{p,q}$ およびベータ関数をガンマ関数で表現すると

$$F_{p,q} = \frac{\Gamma\left(\frac{p+q}{2}\right)}{\Gamma\left(\frac{p}{2}\right)\Gamma\left(\frac{q}{2}\right)}\left(\frac{p}{q}\right)^{\frac{p}{2}} \qquad B\left(\frac{p}{2}+2, \frac{q}{2}-2\right) = \frac{\Gamma\left(\frac{p}{2}+2\right)\Gamma\left(\frac{q}{2}-2\right)}{\Gamma\left(\frac{p+q}{2}\right)}$$

となる。よって、後は、ガンマ関数の性質を利用すれば計算が可能となる。

---

**演習** 8-10　ガンマ関数の性質を利用して、$E[x^2]$ を計算せよ。

**解)**

$$E\left[x^2\right] = F_{p,q}\left(\frac{q}{p}\right)^{\frac{p}{2}+2}B\left(\frac{p}{2}+2, \frac{q}{2}-2\right)$$

$$= \frac{\Gamma\left(\frac{p+q}{2}\right)}{\Gamma\left(\frac{p}{2}\right)\Gamma\left(\frac{q}{2}\right)}\left(\frac{p}{q}\right)^{\frac{p}{2}}\left(\frac{q}{p}\right)^{\frac{p}{2}+2}\frac{\Gamma\left(\frac{p}{2}+2\right)\Gamma\left(\frac{q}{2}-2\right)}{\Gamma\left(\frac{p+q}{2}\right)}$$

$$= \left(\frac{q}{p}\right)^2\frac{\Gamma\left(\frac{p}{2}+2\right)\Gamma\left(\frac{q}{2}-2\right)}{\Gamma\left(\frac{p}{2}\right)\Gamma\left(\frac{q}{2}\right)}$$

第 8 章 F 分布の確率密度関数

ここでガンマ関数の漸化式を思い出すと

$$\Gamma\left(\frac{p}{2}+2\right)=\left(\frac{p}{2}+1\right)\frac{p}{2}\Gamma\left(\frac{p}{2}\right) \qquad \Gamma\left(\frac{q}{2}\right)=\left(\frac{q}{2}-1\right)\left(\frac{q}{2}-2\right)\Gamma\left(\frac{q}{2}-2\right)$$

であったから、これを代入すると

$$E[x^2]=\left(\frac{q}{p}\right)^2\frac{\Gamma\left(\frac{p}{2}+2\right)\Gamma\left(\frac{q}{2}-2\right)}{\Gamma\left(\frac{p}{2}\right)\Gamma\left(\frac{q}{2}\right)}=\left(\frac{q}{p}\right)^2\frac{\left(\frac{p}{2}+1\right)\frac{p}{2}}{\left(\frac{q}{2}-1\right)\left(\frac{q}{2}-2\right)}$$

$$=\frac{q^2(p+2)}{p(q-2)(q-4)}$$

となる。

F 分布における $E[x^2], E[x]$ が得られたので、その確率変数の分散 $V[x]$ を求めることが可能となる。

---

**演習 8-11**　自由度 $(p, q)$ の F 分布にしたがう確率密度関数 $x$ の分散 $V[x]$ を求めよ。

---

　**解）**

$$V[x]=E[x^2]-\left(E[x]\right)^2=\frac{q^2(p+2)}{p(q-2)(q-4)}-\left(\frac{q}{q-2}\right)^2$$

$$=\frac{q^2(p+2)(q-2)-pq^2(q-4)}{p(q-2)^2(q-4)}=\frac{q^2\{(p+2)(q-2)-p(q-4)\}}{p(q-2)^2(q-4)}$$

$$=\frac{2q^2(p+q-2)}{p(q-2)^2(q-4)}$$

となる。

この式からわかるように、F 分布の分散は $q \geq 5$ でなければ計算することができないことになる。

193

> **演習** 8-12　確率変数 $x$ が自由度 $(4, 6)$ の $F$ 分布に従うとき、その分散を求めよ。

**解）**　自由度 $(4, 6)$ の $F$ 分布の確率密度関数は

$$f(x) = F_{4,6} \frac{x^{\frac{4}{2}-1}}{\left(1+\frac{4}{6}x\right)^{\frac{4+6}{2}}} = F_{4,6} \frac{x}{\left(1+\frac{2}{3}x\right)^5}$$

$$F_{4,6} = \frac{\Gamma\left(\frac{4+6}{2}\right)}{\Gamma\left(\frac{4}{2}\right)\Gamma\left(\frac{6}{2}\right)}\left(\frac{4}{6}\right)^{\frac{4}{2}} = \frac{\Gamma(5)}{\Gamma(2)\Gamma(3)}\left(\frac{2}{3}\right)^2 = \frac{4}{9}\times\frac{4\times 3\times\Gamma(3)}{\Gamma(3)} = \frac{16}{3}$$

となる。よって自由度 $(4, 6)$ の $F$ 分布における $x^2$ の期待値は

$$E\left[x^2\right] = \int_0^{+\infty} x^2 f(x)dx = \frac{16}{3}\int_0^{+\infty} \frac{x^3}{\left(1+\frac{2}{3}x\right)^5}dx$$

$$= \frac{16}{3}\int_0^{+\infty} \frac{x^3}{\left(\frac{3+2x}{3}\right)^5}dx = \frac{16}{3}3^5\int_0^{+\infty} \frac{x^3}{\left(3+2x\right)^5}dx$$

の積分で与えられる。ここで

$$t = \frac{2x}{3+2x} \quad から \quad x = \frac{3}{2}\frac{t}{1-t}$$

という変数変換を行うと

$$dx = \frac{3}{2}\frac{1}{(1-t)^2}dt$$

また積分範囲は $0 \le x \le +\infty$ が $0 \le t \le 1$ に変わる。よって

$$E\left[x^2\right] = 16\times 3^4\int_0^{+\infty} \frac{x^3}{\left(3+2x\right)^5}dx = 16\times 3^4\times\frac{1}{2^5}\int_0^{+\infty} \frac{1}{x^2}\left(\frac{2x}{3+2x}\right)^5 dx$$

$$= \frac{3^4}{2}\int_0^1 \frac{1}{\left(\frac{3}{2}\right)^2\left(\frac{t}{1-t}\right)^2} t^5 \left(\frac{3}{2}\right)\frac{1}{(1-t)^2}dt = 3^3\int_0^1 t^3 dt = 27\left[\frac{t^4}{4}\right]_0^1 = 27\times\frac{1}{4} = \frac{27}{4}$$

第 8 章　$F$ 分布の確率密度関数

となる。ここで

$$E[x] = \frac{q}{q-2} = \frac{6}{6-2} = \frac{3}{2}$$

であるから、分散は

$$V[x] = E[x^2] - \left(E[x]\right)^2 = \frac{27}{4} - \frac{9}{4} = \frac{18}{4} = \frac{9}{2}$$

と与えられる。

---

　ここで、演習 8-11 より

$$V[x] = \frac{2q^2(p+q-2)}{p(q-2)^2(q-4)}$$

と与えられる。

　上式に $p=4, q=6$ を代入すると

$$V[x] = \frac{2 \cdot 6^2(4+6-2)}{4(6-2)^2(6-4)} = \frac{2 \times 36 \times 8}{4 \times 16 \times 2} = \frac{9}{2}$$

となって、確かに同じ値が得られる。

　つぎに

　　　「自由度 $(p,q)$ の $F$ 分布表で上側面積が $\alpha$ となる点を $a$ とすると、
　　　自由度 $(q,p)$ の $F$ 分布表で下側面積が $\alpha$ となる点は $1/a$ となる。」

という関係を確かめてみよう。自由度 $(p,q)$ の $F$ 分布を $F(p,q)$ と書くと、確率表示では

$$P\big(F(p,q) > a\big) = \alpha \qquad\qquad P\left(F(q,p) < \frac{1}{a}\right) = \alpha$$

となる。

　具体例で示すと、自由度 $(9,4)$ の $F$ 分布表で下側面積が 0.05 となる点を求めようとしても、表には、上側面積が 0.05 となる点しか載っていない。この場合、自由度 $(4,9)$ の $F$ 分布表で上側面積が 0.05 となる点 $a$ を読み取ったうえで、その逆数 $1/a$ をとれば、それが自由度 $(9,4)$ の $F$ 分布表で下側面積が 0.05 となる点である。

*195*

自由度 $(p, q)$ の $F$ 分布の確率密度関数は

$$f(x) = F_{p,q} \frac{x^{\frac{p}{2}-1}}{\left(1 + \frac{p}{q}x\right)^{\frac{p+q}{2}}} \qquad F_{p,q} = \frac{\Gamma\left(\dfrac{p+q}{2}\right)}{\Gamma\left(\dfrac{p}{2}\right)\Gamma\left(\dfrac{q}{2}\right)}\left(\frac{p}{q}\right)^{\frac{p}{2}}$$

で与えられる。ここで $\alpha$ の値がつぎの積分で与えられるとする。

$$\int_a^\infty F_{p,q} \frac{x^{\frac{p}{2}-1}}{\left(1 + \frac{p}{q}x\right)^{\frac{p+q}{2}}} dx = \alpha$$

これは、自由度 $(p, q)$ の $F$ 分布表で上側面積が $\alpha$ となる領域に相当し、点 $x = a$ がその境界を与える。

---

**演習** 8-13　上記の積分に $y = \dfrac{1}{x}$ という変数変換を施せ。

---

**解）**　まず $dy = -\dfrac{1}{x^2}dx$ 　　$dy = -y^2 dx$ 　　$dx = -\dfrac{1}{y^2}dy$ となる。

また、積分範囲は

$$x = a \quad \rightarrow \quad y = \frac{1}{a} \qquad\qquad x = \infty \quad \rightarrow \quad y = \frac{1}{\infty} = 0$$

と変わる。よって、上記の積分は

$$\int_a^\infty F_{p,q} \frac{x^{\frac{p}{2}-1}}{\left(1 + \frac{p}{q}x\right)^{\frac{p+q}{2}}} dx = \int_{1/a}^0 F_{p,q} \frac{\left(\dfrac{1}{y}\right)^{\frac{p}{2}-1}}{\left(1 + \dfrac{p}{qy}\right)^{\frac{p+q}{2}}}\left(-\frac{1}{y^2}\right)dy = \int_0^{1/a} F_{p,q} \frac{\left(\dfrac{1}{y}\right)^{\frac{p}{2}+1}}{\left(1 + \dfrac{p}{qy}\right)^{\frac{p+q}{2}}} dy$$

となる。ここで被積分関数を整理すると

第 8 章　$F$ 分布の確率密度関数

$$F_{p,q} \frac{\left(\dfrac{1}{y}\right)^{\frac{p}{2}+1}}{\left(1+\dfrac{p}{qy}\right)^{\frac{p+q}{2}}} = F_{p,q} \frac{\left(\dfrac{1}{y}\right)^{\frac{p}{2}+1}}{\left(\dfrac{p+qy}{qy}\right)^{\frac{p+q}{2}}} = F_{p,q} \frac{(qy)^{\frac{p+q}{2}}}{(p+qy)^{\frac{p+q}{2}} y^{\frac{p}{2}+1}} = F_{p,q} \frac{q^{\frac{p+q}{2}} y^{\frac{q}{2}-1}}{(p+qy)^{\frac{p+q}{2}}}$$

ここで、さらに分子分母を $p^{\frac{p+q}{2}}$ で割ると

$$F_{p,q} \frac{q^{\frac{p+q}{2}} y^{\frac{q}{2}-1}}{(p+qy)^{\frac{p+q}{2}}} = F_{p,q} \left(\frac{q}{p}\right)^{\frac{p+q}{2}} \frac{y^{\frac{q}{2}-1}}{\left(1+\dfrac{q}{p}y\right)^{\frac{p+q}{2}}}$$

となる。定数項の

$$F_{p,q} = \frac{\Gamma\left(\dfrac{p+q}{2}\right)}{\Gamma\left(\dfrac{p}{2}\right)\Gamma\left(\dfrac{q}{2}\right)} \left(\frac{p}{q}\right)^{\frac{p}{2}}$$

を代入すると

$$F_{p,q} \left(\frac{q}{p}\right)^{\frac{p+q}{2}} \frac{y^{\frac{q}{2}-1}}{\left(1+\dfrac{q}{p}y\right)^{\frac{p+q}{2}}} = \frac{\Gamma\left(\dfrac{p+q}{2}\right)}{\Gamma\left(\dfrac{p}{2}\right)\Gamma\left(\dfrac{q}{2}\right)} \left(\frac{p}{q}\right)^{\frac{p}{2}} \left(\frac{q}{p}\right)^{\frac{p+q}{2}} \frac{y^{\frac{q}{2}-1}}{\left(1+\dfrac{q}{p}y\right)^{\frac{p+q}{2}}}$$

$$= \frac{\Gamma\left(\dfrac{p+q}{2}\right)}{\Gamma\left(\dfrac{p}{2}\right)\Gamma\left(\dfrac{q}{2}\right)} \left(\frac{q}{p}\right)^{\frac{q}{2}} \frac{y^{\frac{q}{2}-1}}{\left(1+\dfrac{q}{p}y\right)^{\frac{p+q}{2}}} = F_{q,p} \frac{y^{\frac{q}{2}-1}}{\left(1+\dfrac{q}{p}y\right)^{\frac{p+q}{2}}}$$

　この関数はまさに、自由度 $(q, p)$ の $F$ 分布に対応した確率密度関数である。
つまり

$$\int_0^{1/a} F_{q,p} \frac{y^{\frac{q}{2}-1}}{\left(1+\dfrac{q}{p}y\right)^{\frac{p+q}{2}}} dy = \alpha$$

197

となる。

　このように、自由度 $(p, q)$ の $F$ 分布において、上部面積が $\alpha$ になる点の値が $a$ とすると、自由度 $(q, p)$ の $F$ 分布において、下部面積が $\alpha$ になる点は $1/a$ となることがわかる。

# 第9章　2項分布

確率分布として正規分布、$t$ 分布、$\chi^2$ 分布、$F$ 分布を紹介し、その確率密度関数についても紹介してきた。基本的には、確率密度関数 $f(x)$ の条件は

$$\int_{-\infty}^{+\infty} f(x)dx = 1$$

である。

この条件を満足する $f(x)$ は数多く存在する。実用的な意味での確率分布も多いが、本章では、社会で広く利用されている **2項分布** (binomial distribution) を紹介する。2項分布は、確率分布の基本とも呼ばれており、本章でも示すように正規分布と密接な関係にある。

ただし、いままで紹介してきた確率分布では、**確率変数** (random variable) の $x$ は連続であったが、2項分布では、$x = 0, 1, 2, 3, \ldots$ のように **離散型** (discrete type) となる。確率変数が離散型の場合の確率密度関数の条件は

$$\sum_{x=0}^{n} f(x) = 1 \quad (x = 0, 1, 2, 3, \ldots, n)$$

となる。

2項分布を理解するには、順列と組合せの知識が必要になるので、それを簡単に復習したあとで、この分布の特徴を紹介することにする。

## 9.1.　順列と組み合わせ

いま 1, 2, 3 という数字を書いた 3 枚のカードがあったとする。このカードの並べ方の総数はいくつあるであろうか。このとき、地道に並べ方を取り出せば

$$(1, 2, 3)\ (1, 3, 2)\ (2, 1, 3)\ (2, 3, 1)\ (3, 1, 2)\ (3, 2, 1)$$

となり、総数は 6 ということがわかる。

しかし、この方法はカードの数が少なければ問題ないが、カードの数が増えたら、すべてを網羅するには時間がかかる。そこで、何らかの規則性を引き出して、その総数を導出する方法を考えてみる。

まず、3枚のカードを並べる場合、最初のカードの選び方は3通りある。つぎに、2番目に選べるカードは2通りになり、最後のカードは自ずと決まってしまう。よって並べ方の総数は

$$3 \times 2 \times 1 = 6$$

となって、6通りとなる。確かに、すべての並べ方を列挙したものと同じ答えが得られる。

---

**演習** 9-1　4枚の異なるカードの並べ方の総数を求めよ。

---

**解）**　最初のカードの選び方は4通り、つぎのカードの選び方は3通りと、順次数が減っていき、最後は1枚しか残らない。よって並べ方の総数は

$$4 \times 3 \times 2 \times 1 = 24$$

つまり24通りとなる。

---

同じ考えでいけば $n$ 枚のカードの並べ方の総数は

$$n \times (n-1) \times ... \times 3 \times 2 \times 1 = n!$$

となって、つまり**階乗** (factorial) となる。

ちなみに10枚のカードでは

$$10! = 3628800$$

となって、360万通りもある。3枚のときと同じように、すべての並べ方を列挙する方法を採っていたら、結果を出すのに何年もかかってしまうであろう。

それでは、6枚の異なるカードをすべて並べるのではなく、そこから3枚のカードを選んで並べる方法は何通りであろうか。この場合にも、すべてのカードを並べる場合とまったく同様の考えが適用できる。

つまり、最初のカードの選び方は6通りである。つぎのカードは残り5枚から選べるので5通り、3枚目のカードは4通りであるから、結局、カードの並べ方は

200

第9章　2項分布

$$6 \times 5 \times 4 = 120$$

となって、120 通りということになる。

---

**演習 9-2**　10 枚の異なるカードから 3 枚を取り出して並べる場合の数を求めよ。

---

**解**）
$$10 \times 9 \times 8 = 720$$
のように 720 通りとなる。

---

同様にして 10 枚の異なるカードから 4 枚を選んで並べる場合の数は
$$10 \times 9 \times 8 \times 7 = 5040$$
のように 5040 通りということになる。

ここで、6 枚のカードから 3 枚を選んで並べる方法の数の $6 \times 5 \times 4$ という式は
$$6 \times 5 \times 4 = \frac{6 \times 5 \times 4 \times 3 \times 2 \times 1}{3 \times 2 \times 1}$$
と変形することができるので、階乗の記号を使えば
$$6 \times 5 \times 4 = \frac{6!}{3!} = \frac{6!}{(6-3)!}$$
と書くことができる。これは、10 枚から 4 枚のカードを選んで並べるときも同様で
$$10 \times 9 \times 8 \times 7 = \frac{10 \times 9 \times 8 \times 7 \times 6 \times 5 \times 4 \times 3 \times 2 \times 1}{6 \times 5 \times 4 \times 3 \times 2 \times 1} = \frac{10!}{6!} = \frac{10!}{(10-4)!}$$
と書くことができる。これは一般の場合にも拡張でき、$n$ 枚の異なるカードから $r$ 枚のカードを取り出して並べる場合の数は
$$n \times (n-1) \times (n-2) \times ... \times (n-r+1) = \frac{n!}{(n-r)!}$$
となる。このように、並ぶ順番までを考慮に入れて並べる方法を **順列** (permutation) と呼んでおり、その数を **順列の数** (the number of permutations) と呼んでいる。そして、順列の数は、permutation の頭文字 $P$ を使って
$$\frac{n!}{(n-r)!} = {}_nP_r$$

のように表記する。ここで $r = 0$ のとき

$$_nP_0 = \frac{n!}{(n-0)!} = \frac{n!}{n!} = 1$$

となることがわかる。これは、$n$ 枚のカードから何も取り出さずに並べる方法と考えられる。これには、すべてのカードを残すしかないから、1 通りしかないと解釈できる。一方 $r = n$ の場合、公式にあてはめると

$$_nP_n = \frac{n!}{(n-n)!} = \frac{n!}{0!} = n!$$

となるが、これは、$n$ 枚のカードから $n$ 枚を選んで並べる方法である。ここで $0!$ $= 1$ を使っている[17]。よって、まさに $n$ 枚のカードの並べ方の総数であるので $n!$ となる。

　今の場合はカードの並べ方であったが、それではカードの組み合せではどうであろうか。**組合せ** (combination) は、カードの並び順はどうでもよく、とにかく、どのカードを選ぶかということである。

　そうすると、簡単にわかることであるが、3 枚のカードから 3 枚のカードを選ぶ方法は 1 通りしかない。

$$(1, 2, 3)$$

　これが順列と違うところである。それでは、2 枚のカードを選ぶ組合せはどうであろうか。この場合は

$$(1, 2)\,(1, 3)\,(2, 3)$$

の 3 通りがある。

　ここで、**組合せの数** (the number of combinations) を導出する方法を考えてみよう。そのために、順列の数からスタートする。

　3 枚のカードから 2 枚を取り出して並べる順列の数は

$$3 \times 2 = 6$$

となって 6 通りである。具体的に並べ方を列挙すると

$$(1, 2)\,(2, 1)\,(1, 3)\,(3, 1)\,(2, 3)\,(3, 2)$$

となる。ところで、組合せで考えると $(1, 2)$ と $(2, 1)$ は同じものである。つま

---

[17] $0! = 1$ と定義することで階乗計算が矛盾がなく展開できるようになる。たとえば、$(n+1)!$ $= (n+1)\,n!$ であるが、$n = 0$ を代入すれば $1! = 1 \cdot 0!$ から $0! = 1$ となる。

り、順列の方法では、組合せを 2 回ずつダブルカウントしていることになる。よって、組み合わせの数は $6/2 = 3$ 通りとなる。

それでは 3 枚のカードから 3 枚の組合せを選ぶ方法を考えてみる。この場合も順列の数から考えると $3 \times 2 \times 1 = 6$ となって 6 通りとなる。それを列挙すると

$$(1, 2, 3)\,(1, 3, 2)\,(2, 1, 3)\,(2, 3, 1)\,(3, 1, 2)\,(3, 2, 1)$$

となるが、数字の組合せという観点では、これらはすべて同じものである。つまり、順列の数を数えた値を基本としたときに、組合せという視点で見ると、3 個の成分を選ぶときには、その順列の数である 3! 回だけ余計にカウントしていることになる。よって、組み合わせの数は

$$\frac{3!}{3!} = 1$$

となり 1 通りとなる。つぎに、3 枚のカードから 2 枚のカードを取り出して並べる順列の数は

$$_3P_2 = \frac{3!}{1!} = 3 \times 2 = 6$$

であるが、組合せの数では 2! だけ同じものをダブルカウントしているから、組合せの数は、順列の数を 2! で割った

$$\frac{_3P_2}{2!} = \frac{3!}{1!\,2!} = \frac{3 \times 2}{2 \times 1} = 3$$

となり、3 通りとなる。これを一般の場合に拡張すると、$n$ 枚のカードから $r$ 枚のカードを選ぶ組み合わせの数は、順列の数 $_nP_r$ を $r!$ で割って

$$\frac{_nP_r}{r!} = \frac{n!}{(n-r)!\,r!}$$

と与えられる。これを**組合せ** (combination) の頭文字の $C$ を使って

$$_nC_r = \frac{_nP_r}{r!} = \frac{n!}{(n-r)!\,r!}$$

と表記する。ここで

$$_nC_{n-r} = \frac{n!}{r!\,(n-r)!}$$

となるが、これは $_nC_r$ と同じものであるから

$$_nC_r = {_n}C_{n-r}$$

という関係が成立することがわかる。

具体例では、10 個の成分から 3 個の成分を選ぶ組み合わせの数は、10 個の成分から残りの 7 個を選ぶ組み合わせの数と同じものであると解釈できる。

---

**演習** 9-3　ある大学では 10 教科から 7 科目を選んで単位を修得しなければならい。科目の選び方は何通りあるか。

---

**解）**　これは 10 科目から 7 科目の組合せを選ぶ方法の数であるから

$$_{10}C_7 = \frac{10!}{7!\,3!} = \frac{10 \times 9 \times 8}{3 \times 2} = 120$$

よって 120 通りの組み合わせがある。

---

それでは、2 項分布の数学的基礎となる **2 項定理** (binomial theorem) についても紹介しておこう。

## 9.2. 2 項定理

2 項式のべきの**展開公式** (expansion formula) は

$$(a+b)^2 = a^2 + 2ab + b^2$$
$$(a+b)^3 = a^3 + 3a^2b + 3ab^2 + b^3$$
$$(a+b)^4 = a^4 + 4a^3b + 6a^2b^2 + 4ab^3 + b^4$$

と与えられる。この公式を一般の $n$ 乗の場合に拡張すると

$$(a+b)^n = a^n + na^{n-1}b + \frac{n(n-1)}{2}a^{n-2}b^2 + ... + \frac{n!}{(n-r)!\,r!}a^{n-r}b^r + ... + b^n$$

となる。このとき、2 項展開の展開式の係数を **2 項係数** (binomial coefficient) と呼ぶ。このとき、係数の一般式は

$$\frac{n!}{(n-r)!\,r!} = {_n}C_r = \binom{n}{r}$$

第 9 章　2 項分布

となり、まさに、組合せとなる。よって

$$(a+b)^n = {}_nC_0\,a^n + {}_nC_1\,a^{n-1}b + {}_nC_2\,a^{n-2}\,b^2 + ... + {}_nC_r\,a^{n-r}\,b^r + ... + {}_nC_n\,b^n$$

と書くことができる。これを一般式で書くと

$$(a+b)^n = \sum_{r=0}^{n} {}_nC_r a^{n-r}b^r$$

となる。この展開を 2 項定理と呼んでいる。

---

**演習 9-4**　2 項定理を利用して、2 項式の 5 乗である $(a+b)^5$ を展開せよ。

---

**解）**

$$(a+b)^5 = {}_5C_0\,a^5 + {}_5C_1\,a^4b + {}_5C_2\,a^3b^2 + {}_5C_3\,a^2b^3 + {}_5C_4\,ab^4 + {}_5C_5b^5$$

ここで、2 項係数は

$${}_5C_0 = 1 \quad {}_5C_1 = 5 \quad {}_5C_2 = \frac{5\times4}{2} = 10 \quad {}_5C_3 = \frac{5\times4\times3}{3\times2} = 10 \quad {}_5C_4 = 5 \quad {}_5C_5 = 1$$

となるので

$$(a+b)^5 = a^5 + 5a^4b + 10a^3b^2 + 10a^2b^3 + 5ab^4 + b^5$$

となる。

---

**演習 9-5**　関数 $(2x+3y)^8$ を展開したとき、$x^3y^5$ の係数を求めよ。

---

**解）**　2 項定理より

$$(a+b)^n = \sum_{k=0}^{n} \frac{n!}{k!\,(n-k)!}a^{n-k}b^k$$

ここで $n=8, a=2x, b=3y$ と置くと

$$(2x+3y)^8 = \sum_{k=0}^{8} \frac{8!}{k!\,(8-k)!}(2x)^{8-k}(3y)^k$$

となる。ここで $k=5$ の項は

205

$$\frac{8!}{5!\,(8-5)!}(2x)^3(3y)^5 = \frac{8\times7\times6}{3\times2}\left(8x^3\right)\left(243y^5\right) = 108864x^3y^5$$

よって、求める係数は 108864 となる。

---

ここで、2 項定理において

$$a+b=1$$

とすると

$$(a+b)^n = 1 = \sum_{k=0}^{n}\frac{n!}{k!\,(n-k)!}a^{n-k}b^k = \sum_{k=0}^{n}\frac{n!}{k!\,(n-k)!}a^{n-k}(1-a)^k$$

となる。

これが 2 項分布の基礎となる式である。ここで、2 項分布の確率密度関数は、確率変数を $x$ とすると

$$f(x) = \frac{n!}{x!\,(n-x)!}p^{n-x}(1-p)^x$$

と与えられる。このとき、確率分布の特徴として

$$\int_0^n f(x)dx = 1$$

という関係を満足する必要があるが、$x$ は離散変数であるから、積分を和に変えて

$$\sum_{x=0}^{n}f(x) = \sum_{x=0}^{n}\frac{n!}{x!\,(n-x)!}p^{n-x}(1-p)^x = 1$$

となる。

これは、2 項定理そのものであり、2 項分布の名称の由来である。それでは、実際に具体例で、2 項分布を見ていこう。

## 9.3. 2項分布とは

サイコロを 1 回振って 1 の目が出る確率はいくつであろうか。これは明らかに 1/6 である。2 の目が出る確率も 1/6、他の目が出る確率もすべて 1/6 となる。

それでは、サイコロを 2 回振って、1 の目が出る回数を確率変数 $x$ とした場合に、その確率はどうであろうか。この場合にはいくつかのパターンを考える必要

第 9 章　2 項分布

がある。

$x = 0$　　1 回目も 2 回目も 1 以外の目が出る。

$x = 1$　　1 回目に 1 の目が出て、2 回目にその他の目が出る。

　　　　　あるいは

　　　　　1 回目に他の目が出て、2 回目に 1 の目が出る。

$x = 2$　　1 回目も 2 回目も 1 の目が出る。

が考えられる。これを確率として考えると、$x = 0$ に対応した確率は、1 回目に 1 以外の目が出る確率は 5/6 であり、2 回目にも 1 以外の目が出る確率は 5/6 であるから

$$\frac{5}{6} \times \frac{5}{6} = \frac{25}{36}$$

である。よって　$f(x) = f(0) = \frac{25}{36}$　となる。

　同様にして 1 回目に 1 が出て、2 回目で 1 以外の目が出る確率は

$$\frac{1}{6} \times \frac{5}{6} = \frac{5}{36}$$

1 回目に 1 以外の目が出て、2 回目で 1 の目が出る確率は

$$\frac{5}{6} \times \frac{1}{6} = \frac{5}{36}$$

となるので

$$f(1) = \frac{5}{36} + \frac{5}{36} = \frac{10}{36}$$

となる。最後に 1 回目も 2 回目も 1 の目が出る確率は

$$f(2) = \frac{1}{6} \times \frac{1}{6} = \frac{1}{36}$$

となる。確率変数 $x$ としては、この 3 個しかない。このとき

$$f(0) + f(1) + f(2) = \frac{25}{36} + \frac{10}{36} + \frac{1}{36} = 1$$

となって、確率の総和が 1 となる。

**演習** 9-6　サイコロを 3 回振って、1 の目が出る回数に対応させて確率変数 $x$ を 0 から 3 とした場合の確率を求めよ。

**解）**　2 回の場合と同様に考えれば

$$f(0) = \frac{5}{6} \times \frac{5}{6} \times \frac{5}{6} = \frac{125}{216}$$

$$f(1) = \frac{1}{6} \times \frac{5}{6} \times \frac{5}{6} + \frac{5}{6} \times \frac{1}{6} \times \frac{5}{6} + \frac{5}{6} \times \frac{5}{6} \times \frac{1}{6} = \frac{75}{216}$$

$$f(2) = \frac{1}{6} \times \frac{1}{6} \times \frac{5}{6} + \frac{5}{6} \times \frac{1}{6} \times \frac{1}{6} + \frac{1}{6} \times \frac{5}{6} \times \frac{1}{6} = \frac{15}{216}$$

$$f(3) = \frac{1}{6} \times \frac{1}{6} \times \frac{1}{6} = \frac{1}{216}$$

となる。

ここで、それぞれの確率を足すと

$$f(0) + f(1) + f(2) + f(3) = \frac{125}{216} + \frac{75}{216} + \frac{15}{216} + \frac{1}{216} = 1$$

となって、確率をすべて足せば 1 になる。同じようにして、サイコロを振る回数を増やし、1 の目が出る回数を確率変数に対応させれば、同じような計算で確率分布を求めることができる。

**演習** 9-7　サイコロを 4 回振って、1 の目が出る回数に対応させて確率変数を 0 から 4 とした場合の確率を求めよ。

**解）**　2 回、3 回の場合と同様に計算していくと

$$f(0) = \frac{5}{6} \times \frac{5}{6} \times \frac{5}{6} \times \frac{5}{6} = \frac{625}{1296}$$

$$f(1) = \frac{1}{6} \times \frac{5}{6} \times \frac{5}{6} \times \frac{5}{6} + \frac{5}{6} \times \frac{1}{6} \times \frac{5}{6} \times \frac{5}{6} + \frac{5}{6} \times \frac{5}{6} \times \frac{1}{6} \times \frac{5}{6} + \frac{5}{6} \times \frac{5}{6} \times \frac{5}{6} \times \frac{1}{6} = \frac{500}{1296}$$

第 9 章　2 項分布

$$f(2) = \frac{1}{6} \times \frac{1}{6} \times \frac{5}{6} \times \frac{5}{6} + \frac{1}{6} \times \frac{5}{6} \times \frac{1}{6} \times \frac{5}{6} + \frac{1}{6} \times \frac{5}{6} \times \frac{5}{6} \times \frac{1}{6} + \frac{5}{6} \times \frac{1}{6} \times \frac{1}{6} \times \frac{5}{6}$$

$$+ \frac{5}{6} \times \frac{1}{6} \times \frac{5}{6} \times \frac{1}{6} + \frac{5}{6} \times \frac{5}{6} \times \frac{1}{6} \times \frac{1}{6} = \frac{150}{1296}$$

$$f(3) = \frac{1}{6} \times \frac{1}{6} \times \frac{1}{6} \times \frac{5}{6} + \frac{1}{6} \times \frac{1}{6} \times \frac{5}{6} \times \frac{1}{6} + \frac{1}{6} \times \frac{5}{6} \times \frac{1}{6} \times \frac{1}{6} + \frac{5}{6} \times \frac{1}{6} \times \frac{1}{6} \times \frac{1}{6} = \frac{20}{1296}$$

$$f(4) = \frac{1}{6} \times \frac{1}{6} \times \frac{1}{6} \times \frac{1}{6} = \frac{1}{1296}$$

となる。

---

　このまま、延々と同じことを繰り返せばよいのだが、これではあまりにも効率が悪い。何か規則性はないのであろうか。そこで、サイコロを 4 回投げて、確率変数が $x = 1$ となる場合を見てみよう。その確率は

$$f(1) = \underline{\frac{1}{6} \times \frac{5}{6} \times \frac{5}{6} \times \frac{5}{6}} + \underline{\frac{5}{6} \times \frac{1}{6} \times \frac{5}{6} \times \frac{5}{6}} + \underline{\frac{5}{6} \times \frac{5}{6} \times \frac{1}{6} \times \frac{5}{6}} + \underline{\frac{5}{6} \times \frac{5}{6} \times \frac{5}{6} \times \frac{1}{6}} = \frac{500}{1296}$$

と与えられる。これを見ると、4 個の成分の足し算となっており、その成分の積そのものは、掛ける順番は違っているものの、すべて同じ数字の組み合わせの掛け算となっている。これは $x = 1$ の場合だけでなく、他のすべての確率変数に対しても同じことが言える。

　この成分の数 4 は何に対応するのであろうか。これは、4 個の中から 1 個を選ぶ方法である。つまり、4 回サイコロを振ったときに、何回目に 1 の目が出るかを選ぶ方法の数となる。よって、つぎの図のどの位置に 1 を置くかという問題に還元できる。

〇　〇　〇　〇

これを、別な視点で見れば、サイコロを投げる回数を $(1, 2, 3, 4)$ として、4 個から 1 個を選ぶ方法の数となる。よって

$$_4 C_1 = \frac{4!}{1! \, 3!} = 4$$

で与えられる。その後に続く成分は、すべて同じかたちの積で

209

$$\frac{1}{6} \times \frac{5}{6} \times \frac{5}{6} \times \frac{5}{6} = \frac{125}{1296}$$

となっている。これは書き換えると

$$\frac{1}{6} \times \left(\frac{5}{6}\right)^3$$

となる。これはサイコロの目が4回のうち1回だけが1の目で、残り3回が1以外の目になるという確率と考えられる。以上をまとめると

$$f(1) = {}_4C_1 \left(\frac{1}{6}\right)\left(\frac{5}{6}\right)^3$$

と与えられる。

つぎに、1の目が2回出る場合の確率を見てみよう。

$$f(2) = \underbrace{\frac{1}{6} \times \frac{1}{6} \times \frac{5}{6} \times \frac{5}{6}}_{} + \underbrace{\frac{1}{6} \times \frac{5}{6} \times \frac{1}{6} \times \frac{5}{6}}_{} + \underbrace{\frac{1}{6} \times \frac{5}{6} \times \frac{5}{6} \times \frac{1}{6}}_{} + \underbrace{\frac{5}{6} \times \frac{1}{6} \times \frac{1}{6} \times \frac{5}{6}}_{}$$

$$+ \underbrace{\frac{5}{6} \times \frac{1}{6} \times \frac{5}{6} \times \frac{1}{6}}_{} + \underbrace{\frac{5}{6} \times \frac{5}{6} \times \frac{1}{6} \times \frac{1}{6}}_{} = \frac{150}{1296}$$

この場合は6個の成分の和となっている。これは、4回の中から1の目が出る2回をどのように配置するかの組み合わせの総数となっている。つまり

○　○　○　○

の4個の位置から2個を選んで、1の目を配する方法の数となる。

別の視点で見れば、サイコロを投げる回数を $(1, 2, 3, 4)$ として、この数字から2個の組み合わせを選ぶ方法の数となる。たとえば、$(2,3)$ と $(3,2)$ を選んでも同じことなので、組み合わせとなることがわかるであろう。よって

$${}_4C_2 = \frac{4!}{2!\,2!} = \frac{4 \times 3}{2 \times 1} = 6$$

となり、確かに6個となっている。

その後に続く積は、すべて同じもので

$$\frac{1}{6} \times \frac{1}{6} \times \frac{5}{6} \times \frac{5}{6} = \frac{25}{1296}$$

のかたちをした積である。これは書き換えると

第 9 章　2 項分布

$$\left(\frac{1}{6}\right)^2 \times \left(\frac{5}{6}\right)^2$$

となる。これは 4 回のうち 2 回が 1 の目、残り 2 回が 1 以外の目になるという確率と考えられる。結局、1 の目が 2 回出る確率は

$$f(2) = {}_4C_2\left(\frac{1}{6}\right)^2\left(\frac{5}{6}\right)^2$$

と与えられる。この表現方法で、すべての確率をまとめると

$$f(0) = {}_4C_0\left(\frac{1}{6}\right)^0\left(\frac{5}{6}\right)^4 \qquad f(1) = {}_4C_1\left(\frac{1}{6}\right)^1\left(\frac{5}{6}\right)^3 \qquad f(2) = {}_4C_2\left(\frac{1}{6}\right)^2\left(\frac{5}{6}\right)^2$$

$$f(3) = {}_4C_3\left(\frac{1}{6}\right)^3\left(\frac{5}{6}\right)^1 \qquad f(4) = {}_4C_4\left(\frac{1}{6}\right)^4\left(\frac{5}{6}\right)^0$$

となる。

　ここで、今考えている確率変数は 1, 2, 3 のように連続ではなく離散的である。そして、離散型確率変数 $x$ がとる確率を $p$ として、その確率が

$$f(x) = {}_nC_x\, p^x(1-p)^{n-x} \quad (x = 1, 2, 3, ..., n)$$

と与えられるとき、この確率変数は 2 **項分布** (binomial distribution) に従うという。Binomial の頭文字の Bin をとって Bin $(n, p)$ と表記する。

　2 項分布に従うケースは山のようにあるが、その代表がコイン投げである。コイン投げはギャンブルに使われたり、何かを決定するときに、表 (head) が出るか裏 (tail) が出るかで決着をつける。ここでコインを 10 回投げたときに、表が出る回数を確率変数 $x$ とすると

$$f(x) = {}_{10}C_x\left(\frac{1}{2}\right)^x\left(1-\frac{1}{2}\right)^{10-x} = {}_{10}C_x\left(\frac{1}{2}\right)^x\left(\frac{1}{2}\right)^{10-x}$$

が確率密度関数となる。このコイン投げは Bin$(10, 1/2)$ の 2 項分布に従うことになる。

---

**演習 9-8**　コインを 3 回投げたとき、表が出る回数を確率変数 $x$ として、その確率を 2 項分布をもとに求めよ。

**解）**　$x$ は、0, 1, 2, 3 の 4 個となり、確率密度関数は

$$f(x) = {}_3C_x \left(\frac{1}{2}\right)^x \left(1 - \frac{1}{2}\right)^{3-x} = {}_3C_x \left(\frac{1}{2}\right)^x \left(\frac{1}{2}\right)^{3-x}$$

と与えられる。よって

$$f(0) = {}_3C_0 \left(\frac{1}{2}\right)^0 \left(\frac{1}{2}\right)^{3-0} = \frac{3!}{0!\,3!} 1 \left(\frac{1}{2}\right)^3 = \frac{1}{8}$$

$$f(1) = {}_3C_1 \left(\frac{1}{2}\right)^1 \left(\frac{1}{2}\right)^{3-1} = \frac{3!}{1!\,2!} \left(\frac{1}{2}\right) \left(\frac{1}{2}\right)^2 = \frac{3}{8}$$

$$f(2) = {}_3C_2 \left(\frac{1}{2}\right)^2 \left(\frac{1}{2}\right)^{3-2} = \frac{3!}{2!\,1!} \left(\frac{1}{2}\right)^2 \left(\frac{1}{2}\right) = \frac{3}{8}$$

$$f(3) = {}_3C_3 \left(\frac{1}{2}\right)^3 \left(\frac{1}{2}\right)^{3-3} = \frac{3!}{3!\,0!} \left(\frac{1}{2}\right)^3 1 = \frac{1}{8}$$

となる。

---

これら確率の和をとれば

$$f(0) + f(1) + f(2) + f(3) = \frac{1}{8} + \frac{3}{8} + \frac{3}{8} + \frac{1}{8} = 1$$

となる。

2 項分布というのは、結局のところ、ある事象 (event) A が一定の確率

$$p = P(A)$$

で生じるときに、$n$ 回の試行を行ったときに、事象 A が $x$ 回起こる確率を与えるものである。

具体例で示せば「コインを投げたときには、「表が出る」という事象が一定の確率 $p = 1/2$ で生じるが、このコイン投げを $n$ 回行ったときに、「表が $x$ 回出る」確率が 2 項分布 Bin $(n, 1/2)$ に従う」と言うことができる。

あるいは、サイコロの例では、「1 の目が出る」という事象が一定の確率 $1/6$ で生じるが、このサイコロ投げを 10 回行ったときに、「1 の目が $x$ 回出る確率が 2 項分布 Bin $(10, 1/6)$ に従う」と言える。

このような確率分布は、少し考えただけでも数多くの事象に適用できることがわかるであろう。それだけに重要な確率分布である。

すでに紹介したように、2 項分布では、確率密度関数は

$$f(x) = {}_nC_x p^x (1-p)^{n-x}$$

となる。このとき、2項定理から

$$\sum_{x=0}^{n} f(x) = \sum_{x=0}^{n} {}_nC_x p^x (1-p)^{n-x} = 1$$

となるが、これは、2項分布において、すべての確率を足すと1になるということを意味している。2項分布の確率密度関数においては、$1-p = q$ として

$$f(x) = {}_nC_x p^x q^{n-x} \quad (p + q = 1)$$

と表記することも多い。

## 9.4. 平均と分散

それでは、2項定理を利用して2項分布の**平均** (mean) と**分散** (variance) を計算してみよう。ここでは、確率変数が連続型の確率分布においては、$x$ ならびに $x^2$ の期待値は

$$E[x] = \int_0^\infty x f(x) dx \qquad E[x^2] = \int_0^\infty x^2 f(x) dx$$

と与えられるのであった。

よって離散型分布の場合の平均と分散は、積分を和に変えて

$$E[x] = \sum_{x=0}^{n} x f(x) \qquad E[x^2] = \sum_{x=0}^{n} x^2 f(x)$$

と与えられる。

同様にして、連続型の確率変数の場合の $m$ 次のモーメントは

$$E[x^m] = \int_0^\infty x^m f(x) dx$$

と与えられるので、離散型変数の場合には

$$E[x^m] = \sum_{x=0}^{n} x^m f(x)$$

となる。ここで、これらモーメントをつくり出す関数として

$$E[e^{tx}] = \sum_{x=0}^{n} e^{tx} f(x) = M(t)$$

が与えられる。連続型と同様に関数 $M(t)$ を**モーメント母関数** (momentgenerating function) と呼んでいる。

---

**演習** 9-9　2 項分布のモーメント母関数

$$E[e^{tx}] = \sum_{x=0}^{n} e^{tx} \, {}_nC_x \, p^x q^{n-x}$$

を求めよ。

---

**解）**　与式を変形すると

$$E[e^{tx}] = \sum_{x=0}^{n} {}_nC_x \, e^{tx} p^x q^{n-x} = \sum_{x=0}^{n} {}_nC_x \, (e^t p)^x q^{n-x}$$

これは 2 項定理のかたちをしており

$$E[e^{tx}] = \sum_{x=0}^{n} {}_nC_x \, (e^t p)^x q^{n-x} = (e^t p + q)^n$$

とまとめられる。つまり、2 項分布のモーメント母関数は

$$M(t) = (e^t p + q)^n$$

となる。

---

ここで、モーメント母関数をもとに、2 項分布の平均、つまり $x$ の期待値 $E[x]$ を求めてみよう。ここで、$E[x]$ はモーメント母関数 $M(t)$ から

$$E[x] = M'(0)$$

によって与えられるのであった。

---

**演習** 9-10　2 項分布の平均を求めよ。

---

**解）**　$M(t) = (e^t p + q)^n$ であるから

$$M'(t) = \frac{dM(t)}{dt} = \frac{d}{dt}\Big\{ (e^t p + q)^n \Big\} = np \, (e^t p + q)^{n-1} e^t$$

よって

$$E[x] = M'(0) = np \, (e^0 p + q)^{n-1} e^0 = np \, (p + q)^{n-1}$$

となる。$p + q = 1$ であるから、結局、2 項分布の平均は

$$E[x] = np$$

第 9 章　2 項分布

となる。

---

　これは定性的にも納得できる結果である。なぜなら、1 回の試行の確率が $p$ の事象を $n$ 回実施したら、期待値は $np$ となることが予想できるからである。

---

**演習 9-11**　2 項分布の分散の期待値 $E[x^2]$ をモーメント母関数 $M(t)$ から求めよ。

---

　**解）**　$E[x^2] = M''(0)$　と与えられる。

2 項分布のモーメント母関数は　$M(t) = (e^t p + q)^n$　であるから

$$M'(t) = \frac{dM(t)}{dt} = np\,(e^t p + q)^{n-1} e^t$$

$$M''(t) = \frac{d^2 M(t)}{dt^2} = \frac{dM'(t)}{dt} = \frac{d}{dt}\left\{ np(e^t p + q)^{n-1} e^t \right\}$$

$$= n(n-1)p^2 (e^t p + q)^{n-2} e^{2t} + np(e^t p + q)^{n-1} e^t$$

となる。よって

$$E[x^2] = M''(0) = n(n-1)p^2 (e^0 p + q)^{n-2} e^0 + np(e^0 p + q)^{n-1} e^0$$

$$= n(n-1)p^2 (p+q)^{n-2} + np(p+q)^{n-1}$$

となる。

　ここで　$p + q = 1$　であるから、結局

$$E[x^2] = n(n-1)p^2 + np$$

となる。

---

　したがって、2 項分布の分散は

$$V[x] = E[x^2] - \left(E[x]\right)^2 = n(n-1)p^2 + np - (np)^2 = np(1-p) = npq$$

となる。

## 9.5.　2 項分布と正規分布

2 項分布は離散型の確率分布であるが、実は、その試行回数 $N$ が大きくなった

215

極限では、正規分布となることが知られている。この性質を利用して、いろいろな検定が行われるので、どうして$N$が大きくなると2項分布が正規分布に近づくのかを考えてみよう。

まず、2項分布の確率密度関数は試行回数を$N$とすると

$$f(x) = {}_NC_x p^x q^{N-x} \quad (x = 0, 1, 2, 3, \ldots, N)$$

で表される。ここで、$p=1/2$ として、$N$を$2, 4, 10$と変化させた場合のグラフを図9-1に示す。

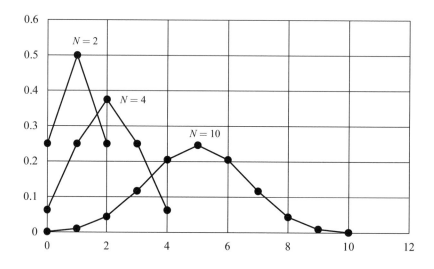

図9-1 2項分布の試行回数$N$による変化。縦軸は確率密度である。

試行回数を増やせば、正規分布に近づいていく傾向にあることがわかる。

それでは、それを確かめてみよう。まず

$$f(x) = {}_NC_x p^x q^{N-x} = \frac{N!}{x!(N-x)!} p^x q^{N-x}$$

であるので

$$f(x+1) = \frac{N!}{(x+1)!(N-x-1)!} p^{x+1} q^{N-x-1}$$

となる。

第 9 章　2 項分布

---

**演習 9-12**　$f(x+1)/f(x)$　の値を求めよ。

---

**解）**

$$f(x+1) = \frac{N!}{(x+1)!\,(N-x-1)!}\,p^{x+1}q^{N-x-1} = \frac{N!}{(x+1)\,x!\,(N-x-1)!}\,p\cdot p^{x}q^{N-x-1}$$

$$f(x) = \frac{N!}{x!\,(N-x)!}\,p^{x}q^{N-x} = \frac{N!}{x!\,(N-x)\,(N-x-1)!}\,p^{x}q\cdot q^{N-x-1}$$

であるから

$$\frac{f(x+1)}{f(x)} = \frac{(N-x)p}{(x+1)q}$$

となる。

---

ここで

$$\frac{f(x+1)}{f(x)} - 1$$

を計算してみよう。すると

$$\frac{f(x+1)}{f(x)} - 1 = \frac{(N-x)p-(x+1)q}{(x+1)q} = \frac{(N-x)p-(x+1)(1-p)}{(x+1)q}$$

$$= \frac{(N+1)p-(x+1)}{(x+1)q} = -\frac{(x+1)-(N+1)p}{(x+1)q}$$

となる。ここで、$N \gg 1$ であるから、ほとんどの場合 $x \gg 1$ となる。よって
$N+1 \to N,\ x+1 \to x$ と置いてよいとすると

$$\frac{f(x+1)}{f(x)} - 1 \cong -\frac{x-Np}{xq}$$

と近似できる。

ここで、分母の $xq$ に注目しよう。まず、$x$ は $\bar{x}$ を平均とすると

$$x = \bar{x} \pm \Delta$$

と置ける。$\bar{x}$ は、図 9-1 の 2 項分布のグラフの中心に位置し、$\Delta$ は中心からの偏
差である。その様子を図 9-2 に示す。

*217*

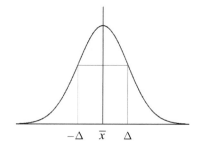

**図 9-2** 2項分布における中心に位置する平均と偏差

すると分母は

$$xq = \bar{x}q \pm \Delta q$$

となるが、中央近傍を考えれば $N \to \infty$ のとき、$\Delta$は無視できて

$$xq \cong \bar{x}q$$

と置ける[18]。2項分布では

$$\bar{x} = Np$$

となるから

$$\frac{f(x+1)}{f(x)} - 1 \cong -\frac{x - Np}{\bar{x}q} \cong -\frac{x - \bar{x}}{Npq}$$

となる。ここで、2項分布の分散は

$$\sigma^2 = Npq$$

であるので

$$\frac{f(x+1)}{f(x)} - 1 \cong -\frac{x - \bar{x}}{\sigma^2}$$

となる。この結果を踏まえて、左辺をつぎのように変形してみよう。

$$\frac{f(x+1)}{f(x)} - 1 = \frac{1}{f(x)} \frac{f(x+1) - f(x)}{1}$$

2項分布は離散型である。幅は1であるが、連続型にするために幅を$\Delta x$とし

---

[18] 正規分布では $x \pm 2\sigma$ に95%の成分が入る。2項分布では $\sigma = \sqrt{Npq}$ であるから $\bar{x} = Np$ に比べればかなりの範囲で$\Delta$を無視できることになる。

第 9 章　2 項分布

よう。すると

$$\frac{1}{f(x)}\frac{f(x+1)-f(x)}{1} \rightarrow \frac{1}{f(x)}\frac{f(x+1)-f(x)}{(x+1)-x}$$

$$\rightarrow \frac{1}{f(x)}\frac{f(x+\Delta x)-f(x)}{(x+\Delta x)-x} \rightarrow \frac{1}{f(x)}\frac{f(x+\Delta x)-f(x)}{\Delta x}$$

となる。ここで、$\Delta x \rightarrow 0$ の極限では

$$\lim_{\Delta x \rightarrow 0}\frac{1}{f(x)}\frac{f(x+\Delta x)-f(x)}{\Delta x}=\frac{1}{f(x)}\frac{df(x)}{dx}=\frac{d\ln f(x)}{dx}$$

となるから

$$\frac{d\ln f(x)}{dx}=-\frac{1}{\sigma^2}(x-\overline{x})$$

という関係が得られる。両辺を $x$ に関して積分すると

$$\ln f(x)=-\frac{1}{\sigma^2}\int (x-\overline{x})dx=-\frac{1}{2\sigma^2}(x-\overline{x})^2+C$$

となる。ただし、$C$ は積分定数である。結局 $f(x)$ は

$$f(x)=(\exp C)\exp\left\{-\frac{(x-\overline{x})^2}{2\sigma^2}\right\}=A\exp\left\{-\frac{(x-\overline{x})^2}{2\sigma^2}\right\}$$

と与えられることになる。ここで $A$ は $\exp C$ で定数である。これは、正規分布の
確率密度関数に相当する。

---

**演習** 9-13　確率密度関数 $f(x)$ の条件である

$$\int_{-\infty}^{\infty} f(x)dx=1$$

から係数 $A$ を求めよ。

---

　**解**）

$$\int_{-\infty}^{\infty} A\exp\left\{-\frac{(x-\overline{x})^2}{2\sigma^2}\right\}dx=A\int_{-\infty}^{\infty}\exp\left\{-\frac{(x-\overline{x})^2}{2\sigma^2}\right\}dx=1$$

が条件となる。ガウス積分

$$\int_{-\infty}^{\infty}\exp\left(-ax^2\right)dx=\sqrt{\frac{\pi}{a}}$$

を使うと、$a = 1/2\sigma^2$ であるから

$$\int_{-\infty}^{\infty} \exp\left\{-\frac{(x-\bar{x})^2}{2\sigma^2}\right\} dx = \sqrt{2\pi\sigma^2} = \sigma\sqrt{2\pi}$$

より

$$A = \frac{1}{\sigma\sqrt{2\pi}}$$

となるので

$$f(x) = \frac{1}{\sigma\sqrt{2\pi}} \exp\left\{-\frac{(x-\bar{x})^2}{2\sigma^2}\right\}$$

という関数が得られる。

---

このように、$N$ の数が大きい場合には、2項分布は

平均が　$\bar{x} = Np$

分散が　$\sigma^2 = Npq$

という正規分布で近似できるのである。

この性質を利用すると、正規分布の手法を用いて、いろいろな検定作業が可能となる。特に二者択一の場合には威力を発揮する。

---

**演習 9-14**　500人のひとに内閣を支持するかどうか聞いたところ、275人のひとが支持すると答えたとしよう。このとき、支持率の 95% 信頼区間を求めよ。

**解)**　支持する人の確率を $p$ とし、支持しない人の確率は $q(=1-p)$ とすると

$$f(x) = {}_N C_x p^x q^{N-x}$$

という2項分布に従う。また、500人というデータを基にすれば

$$p = \frac{275}{500} = 0.55$$

と推定できる。

この分布を正規分布で近似すれば、それは平均と分散が

$$\bar{x} = Np = 500 \times 0.55 = 275$$

$$\sigma^2 = Npq = 500 \times 0.55 \times 0.45 = 124$$

であり、標準偏差が

$$\sigma = \sqrt{124} \cong 11$$

の正規分布となる。

正規分布における 95% の信頼区間は

$$\mu \pm 2\sigma$$

であったから

$$275 \pm 2 \times 11$$

となり

$$253 \leq x \leq 297$$

となり、内閣支持率の 95% 信頼区間は 253/500 から 297/500 となり、50.6% から 59.4% の間にあるということになる。

---

もちろん、統計検定も行うことができる。たとえば、与党が支持率は 60% と主張しているとしよう。野党は、これを統計的に否定したい。そこで、帰無仮説として

$$H_0: \text{政府への支持率は } 60\%$$

を採用する。すると、演習の結果から、95% 信頼区間の採択域にはないので、この仮説は否定されることになる。

---

**演習 9-15**　ある地区の視聴率を 1000 戸の家を対象にして調査している。調査の結果、ある番組の視聴率が 35% と与えられたとき、母集団の視聴率を 95% の信頼度で区間推定せよ。

---

**解）**　このデータは、2 項分布における確率が

$$p = 0.35$$

ということを示している。そこで、この分布を正規分布で近似すれば、それは平均と分散が

$$\bar{x} = Np = 1000 \times 0.35 = 350$$

$$\sigma^2 = Npq = 1000 \times 0.35 \times 0.65 = 228$$

*221*

よって、標準偏差が

$$\sigma = \sqrt{228} \cong 15$$

の正規分布となる。正規分布における 95% 信頼区間は

$$\mu \pm 2\sigma \quad であったから \quad 350 \pm 2 \times 15$$

となり

$$320 \leq x \leq 380$$

となる。

よって、視聴率は 32% から 38% の間にあるということになる。

---

このように、標本数が多い場合には、2 項分布が正規分布で近似できるという事実をもとに、いろいろな統計的検定が可能となる。

# 第 10 章　ポアソン分布


2 項分布において、ある事象の起こる確率が非常に小さい場合に適用できるのが**ポアソン分布** (Poisson distribution) である。


## 10. 1.　2 項分布

具体例で考えてみよう。ある工場の生産ラインで不良品が発生する確率が 1/100 であると仮定してみよう。この工場で 100 個の製品をつくったときに、不良品が含まれる数を確率変数 $x$ とすると、この分布は 2 項分布に従うから、不良品の個数は

$$f(x) = {}_nC_x \, p^x (1-p)^{n-x}$$

という式に従う。


---

**演習** 10-1　この工場で 100 個の製品を製造した際に、不良品の発生しない確率と、不良品が 1 個発生する確率を求めよ。

---

**解）**　不良品が発生しない確率は $x = 0$ の場合であるから

$$f(0) = {}_{100}C_0 \left(\frac{1}{100}\right)^0 \left(1 - \frac{1}{100}\right)^{100} = \left(\frac{99}{100}\right)^{100} = 0.366$$

となる。

つぎに、不良品が 1 個発生する確率は $x = 1$ の場合となるから

$$f(1) = {}_{100}C_1 \left(\frac{1}{100}\right)^1 \left(1 - \frac{1}{100}\right)^{99} = \left(\frac{99}{100}\right)^{99} = 0.370$$

となる。

---

これ以降も不良品の発生確率は個数ごとに計算することができ、2個と3個の場合には

$$f(2) = {}_{100}C_2\left(\frac{1}{100}\right)^2\left(1-\frac{1}{100}\right)^{98} = \frac{100\times99}{2}\left(\frac{1}{100}\right)^2\left(\frac{99}{100}\right)^{98} = \frac{99}{200}\times0.373 \cong 0.185$$

$$f(3) = {}_{100}C_3\left(\frac{1}{100}\right)^3\left(1-\frac{1}{100}\right)^{97} = \frac{100\times99\times98}{3\times2}\left(\frac{1}{100}\right)^3\left(\frac{99}{100}\right)^{97} \cong 0.061$$

と与えられる。

---

**演習** 10-2　この工場で、不良品が 5 個発生する確率を求めよ。

---

**解）**

$$f(5) = {}_{100}C_5\left(\frac{1}{100}\right)^5\left(1-\frac{1}{100}\right)^{95} = \frac{100\times99\times98\times97\times96}{5\times4\times3\times2}\left(\frac{1}{100}\right)^5\left(\frac{99}{100}\right)^{95} \cong 0.003$$

となる。

---

この計算は、この後、延々と $f(100)$ まで続くことになる。しかし、よく見ると、$f(5)$ でもうすでに、その確率は 0.003 であり、それ以降はほぼ 0 とみなしてよいことになる。

## 10. 2.　ポアソン分布の登場

このように、ある事象の起こる確率が小さい場合に、正直に 2 項分布で解析していくと、意味のない計算が延々と続くことになる。

ここでポアソン分布が登場する。それを 2 項分布から導出してみよう。まず、この分布は

$$f(x) = {}_nC_x p^x(1-p)^{n-x} = \frac{n!}{x!(n-x)!}p^x(1-p)^{n-x}$$

であった。これは、さらに

$$f(x) = \frac{n\times(n-1)\times(n-2)\times...\times(n-x+1)}{x!}p^x(1-p)^{n-x}$$

第 10 章　ポアソン分布

と書くことができる。この式を $n^x$ でくくり出すと

$$f(x) = \frac{n^x}{x!}\left\{1 \times \left(1-\frac{1}{n}\right) \times \left(1-\frac{2}{n}\right) \times ... \times \left(1-\frac{x-1}{n}\right)\right\}p^x(1-p)^{n-x}$$

ここで、2 項分布の平均を $\lambda$ とすると、その平均は $\lambda = np$ であったから

$$p = \frac{\lambda}{n}$$

と書くことができる。よって

$$f(x) = \frac{n^x}{x!}\left\{1 \times \left(1-\frac{1}{n}\right) \times \left(1-\frac{2}{n}\right) \times ... \times \left(1-\frac{x-1}{n}\right)\right\}\left(\frac{\lambda}{n}\right)^x\left(1-\frac{\lambda}{n}\right)^{n-x}$$

と変形できる。さらに変形すると

$$f(x) = \frac{1}{x!} \times \left(1-\frac{1}{n}\right) \times \left(1-\frac{2}{n}\right) \times ... \times \left(1-\frac{x-1}{n}\right)\lambda^x\left(1-\frac{\lambda}{n}\right)^{n-x}$$

となる。

---

**演習 10-3**　$n \to \infty$ のときの $f(x)$ の極限を求めよ。

---

**解）**　$f(x)$ をつぎのように変形する。

$$f(x) = \frac{1}{x!} \times \underbrace{\left(1-\frac{1}{n}\right)} \times \underbrace{\left(1-\frac{2}{n}\right)} \times ... \times \underbrace{\left(1-\frac{x-1}{n}\right)}\lambda^x\left(1-\frac{\lambda}{n}\right)^n\underbrace{\left(1-\frac{\lambda}{n}\right)^{-x}}$$

この式において、カッコでくくった項は $n \to \infty$ で 1 となる。ただし

$$\left(1-\frac{\lambda}{n}\right)^n$$

の項はべきが $n$ であるから、単純に 1 にはならない。

したがって

$$f(x) \to \frac{1}{x!} \times \lambda^x\left(1-\frac{\lambda}{n}\right)^n$$

となる。ここで

$$\lim_{n\to\infty}\left(1-\frac{\lambda}{n}\right)^n = \lim_{n\to\infty}\left\{\left(1-\frac{\lambda}{n}\right)^{-\frac{n}{\lambda}}\right\}^{-\lambda}$$

と変形できる。ここで $p = \lambda / n$ であるから

$$\lim_{n \to \infty}\left(1 - \frac{\lambda}{n}\right)^n = \lim_{p \to 0}\left\{(1 - p)^{-\frac{1}{p}}\right\}^{-\lambda}$$

ここで、$p = -1/m$ と置きなおすと

$$\lim_{n \to \infty}\left(1 - \frac{\lambda}{n}\right)^n = \lim_{m \to \infty}\left\{\left(1 + \frac{1}{m}\right)^m\right\}^{-\lambda}$$

これは $e$ の定義式

$$e = \lim_{m \to \infty}\left(1 + \frac{1}{m}\right)^m$$

から

$$\lim_{n \to \infty}\left(1 - \frac{\lambda}{n}\right)^n = \exp(-\lambda)$$

となる。結局

$$f(x) = \frac{1}{x!} \times \lambda^x \exp(-\lambda)$$

と変形できる。これを整理して

$$f(x) = \exp(-\lambda)\frac{\lambda^x}{x!}$$

となる。ただし $\lambda = np$ である。

---

　この式が、ポアソン分布の確率密度関数である。この導出過程で、$n \to \infty$ という仮定を行っているので、まず、この分布は2項分布において試行回数が大きい場合に対応することがわかる。

　つぎに、指数関数を導出するときに、$p \to 0$ という極限をとっているので、これは、この分布が対象とする事象の起こる確率が非常に小さいこと、つまりめったに起こることのない現象を対象にしていることもわかる。

　ただし

$$n \to \infty \qquad p \to 0$$

という極限ではあるものの、その積はつねに一定で、2項分布の平均

$$\lambda = np$$

に等しいという条件下で生じる分布である。

第 10 章　ポアソン分布

**演習 10-4**　ポアソン分布の和 $\displaystyle\sum_{x=0}^{\infty} f(x)$ を求めよ。

**解）**

$$\sum_{x=0}^{\infty} e^{-\lambda}\frac{\lambda^x}{x!} = e^{-\lambda}\sum_{x=0}^{\infty}\frac{\lambda^x}{x!}$$

となる。ここで $e$ の級数展開は

$$e^{\lambda} = 1 + \lambda + \frac{1}{2!}\lambda^2 + \frac{1}{3!}\lambda^3 + \frac{1}{4!}\lambda^4 + ... + \frac{1}{n!}\lambda^n + ...$$

であるが、この展開式は

$$1 + \lambda + \frac{1}{2!}\lambda^2 + \frac{1}{3!}\lambda^3 + \frac{1}{4!}\lambda^4 + ... + \frac{1}{n!}\lambda^n + ... = \sum_{x=0}^{\infty}\frac{\lambda^x}{x!}$$

と書けるから

$$\sum_{x=0}^{\infty} e^{-\lambda}\frac{\lambda^x}{x!} = e^{-\lambda}\sum_{x=0}^{\infty}\frac{\lambda^x}{x!} = e^{-\lambda}e^{\lambda} = 1$$

となって、和は 1 となる。

つまり、ポアソン分布は、離散型確率変数に対応した確率密度関数の性質を満足していることが確かめられる。

## 10. 3.　平均と分散

つぎにポアソン分布の平均を求めてみよう。

$$E[x] = \sum_{x=0}^{\infty} x e^{-\lambda}\frac{\lambda^x}{x!} = \sum_{x=1}^{\infty} e^{-\lambda}\frac{\lambda^x}{(x-1)!}$$

$x = 0$ の項は 0 であるので和から消える。さらに、この式をつぎのように変形してみる。

$$E[x] = \sum_{x=1}^{\infty} \lambda\, e^{-\lambda}\frac{\lambda^{x-1}}{(x-1)!} = \lambda e^{-\lambda}\sum_{x=1}^{\infty}\frac{\lambda^{x-1}}{(x-1)!}$$

となる。ここで

$$\sum_{x=1}^{\infty} \frac{\lambda^{x-1}}{(x-1)!}$$

において、$t = x-1$ と置くと

$$\sum_{x=1}^{\infty} \frac{\lambda^{x-1}}{(x-1)!} = \sum_{t=0}^{\infty} \frac{\lambda^t}{t!}$$

右辺の和は、先ほど見たように

$$\sum_{t=0}^{\infty} \frac{\lambda^t}{t!} = e^{\lambda}$$

の関係にあるから

$$E[x] = \lambda\, e^{-\lambda} \sum_{x=1}^{\infty} \frac{\lambda^{x-1}}{(x-1)!} = \lambda\, e^{-\lambda} e^{\lambda} = \lambda$$

となって、ポアソン分布の平均が $\lambda$ であることがわかる。

---

**演習** 10-5 　ポアソン分布の分散を求めよ。

---

**解）** 　普通は $E[x^2]$ を計算するのが通例であるが、ここでは $E[x^2 - x]$、つまり $E[x(x-1)]$ を計算してみる。

$$E[x(x-1)] = \sum_{x=0}^{\infty} x(x-1)\, e^{-\lambda} \frac{\lambda^x}{x!} = \sum_{x=2}^{\infty} e^{-\lambda} \frac{\lambda^x}{(x-2)!}$$

平均を計算した場合と同様に変形してみると

$$E[x(x-1)] = \sum_{x=2}^{\infty} e^{-\lambda} \frac{\lambda^x}{(x-2)!} = \lambda^2\, e^{-\lambda} \sum_{x=2}^{\infty} \frac{\lambda^{x-2}}{(x-2)!}$$

ここで $t = x-2$ と置くと

$$\sum_{x=2}^{\infty} \frac{\lambda^{x-2}}{(x-2)!} = \sum_{t=0}^{\infty} \frac{\lambda^t}{t!} = e^{\lambda}$$

となるから

$$E[x(x-1)] = \lambda^2\, e^{-\lambda} \sum_{x=2}^{\infty} \frac{\lambda^{x-2}}{(x-2)!} = \lambda^2\, e^{-\lambda} e^{\lambda} = \lambda^2$$

ここで期待値の性質から

$$E[x(x-1)] = E[x^2 - x] = E[x^2] - E[x] = \lambda^2$$

第 10 章　ポアソン分布

となるから

$$E[x^2] = \lambda^2 + E[x] = \lambda^2 + \lambda$$

となる。

よってポアソン分布の分散は

$$V[x] = E[x^2] - (E[x])^2 = \lambda^2 + \lambda - \lambda^2 = \lambda$$

となる。

このように、ポアソン分布では、分散の値も、平均値と同じ $\lambda$ となる。

## 10.4.　ポアソン分布の応用

ポアソン分布は、めったに起きない事象が、ある期間内で起こる確率を求める際に利用される。

---

**演習** 10-6　アメリカの企業トップは専用自家用機で移動する。この飛行機の事故の確率は 10 万分の 1 と言われている。企業トップが在任中に載る飛行機の回数が 1 万回と言われている。この在任中に 1 度も事故に遭わない確率を求めよ。

---

**解）**　飛行機事故はめったに起きないのでポアソン分布に従うと考えられる。よって、確率密度関数は

$$f(x) = \exp(-\lambda)\frac{\lambda^x}{x!} \qquad \lambda = np$$

となる。ここで、$n = 10000,\ p = 0.00001$ であるから $\lambda = np = 0.1$ となるが、事故が起きない確率は $x = 0$ に対応するから

$$f(0) = \exp(-0.1)\frac{(0.1)^0}{0!} = 0.9048$$

となる。

---

したがって、9 割以上の確率で事故には遭わないことになる。ただし、裏を返せば、1 割近い確率で事故に遭うことを意味している。

**演習** 10-7　ある半導体工場で、製品のメモリーチップに不良品が現れる確率は 1 万分の 1 である。この 1 日の製造ロットは 500 個である。不良品が 3 個発生する確率を求めよ。

**解）**　不良品の発生はめったに起きないのでポアソン分布に従うと考えられる。よって、確率密度関数は

$$f(x) = \exp(-\lambda)\frac{\lambda^x}{x!} \qquad \lambda = np$$

となる。ここで、$n = 500$, $p = 0.0001$ であるから $\lambda = np = 0.05$ となるので 3 個の不良品が発生する確率は

$$f(3) = \exp(-0.05)\frac{(0.05)^3}{3!} = 0.951\frac{0.000125}{6} \cong 0.00002$$

となる。

つまり、この工場では 3 個の不良品が発生する確率は、0.002% となり、まずこの個数の不良品は発生しないことがわかる。このように、ある事象の起こる確率が非常に小さい場合には、ポアソン分布による解析が有効である。

もちろん、いまの問題は 2 項分布によっても解析は可能である。その際、その分布は Bin (500, 1/10000) に従い、その確率密度は

$$f(x) = {}_{500}C_x\left(\frac{1}{10000}\right)^x\left(\frac{9999}{10000}\right)^{500-x}$$

となる。よって、いまの問題では、$x = 3$ を計算すればよく

$$f(3) = {}_{500}C_3\left(\frac{1}{10000}\right)^3\left(\frac{9999}{10000}\right)^{497}$$

となり

$$f(3) \cong 0.0000197$$

程度となる。

ほぼ同じ解が得られるが、計算の手間は大きい。

# 第11章　指数分布とワイブル分布

　数多くの部品からなる製品の場合、どこか 1 箇所でも故障すると、その製品が使えなくなる。たとえば、テレビやラジオなどは 1 箇所でも故障すると画面が消えたり、音が出なくなってしまう。

　このように、多くの部品からなる系で、どこか弱い部分が故障すると、その製品の寿命が来てしまうような場合に使われる分布に**ワイブル分布** (Weibull distribution) がある。この分布は 1939 年にスウェーデンの物理学者 Weibull が、材料の強度は、その材料の最も弱い部分で決定されるという考え、つまり「最弱リンクモデル」を基礎に導出された確率密度分布である。

　最近、金属疲労と呼ばれる現象で、原子力発電所に異常が起きたり、飛行機事故が起こって話題になっている。このような金属の破壊や疲労現象も、もっとも弱い部分で破損が起きると、そのシステム自体の寿命となるので、ワイブル分布で記述できることが知られている。

　また、材料の破壊試験を行うと、その破壊強度の分布がワイブル分布に従うことが知られている。さらに、人の寿命にもワイブル分布が適用できることがわかっており、医学分野でも重宝されている。ワイブル分布が導出される過程は、前述したように、システムの中で最も弱い部分の寿命で、システムそのものの寿命が決定されるという仮定で構築されている。

## 11.1.　指数分布

　実は、ワイブル分布は指数分布に基づいている。製品の故障や寿命の確率分布として、もっとも基本的な分布として指数分布がある。

　ここで、理工系において登場する**指数分布** (exponential distribution) と呼ばれる分布について考えてみよう。この分布の確率密度に対応した関数は

$$f(x) = A\exp(-\lambda x) = Ae^{-\lambda x}$$

というかたちをしている。$A$ は定数である。

この関数は、物体の冷却や化学反応の時間変化などを表現するのにも適用できる。このグラフを描くと、図 11-1 に示したように、$x=0$ では $A$ で、時間とともに減衰するグラフとなる。

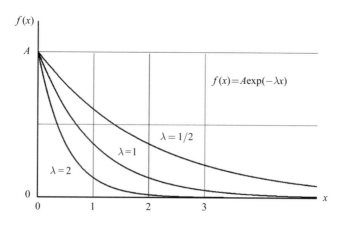

図 11-1　$f(x) = A\exp(-\lambda x)$ のグラフ

よって、このかたちをした確率密度関数もよく登場する。ここで、時間変化を考えると、分布としては $x \geq 0$ 領域が定義域となる。

---

**演習 11-1**　指数分布に対応した関数 $f(x) = A\exp(-\lambda x) = Ae^{-\lambda x}$ が確率分布となるための条件を求めよ。

---

**解)**　関数 $f(x)$ が確率密度関数になるための条件は

$$\int_{-\infty}^{+\infty} f(x)dx = 1$$

である。よって

$$\int_{-\infty}^{+\infty} A\exp(-\lambda x)dx = \left[-\frac{A}{\lambda}\exp(-\lambda x)\right]_{0}^{\infty} = \frac{A}{\lambda} = 1$$

となり、$A = \lambda$ が条件となる。

## 第 11 章　指数分布とワイブル分布

したがって、指数分布の確率密度関数は

$$f(x) = \lambda \exp(-\lambda x)$$

と与えられることになる。

定義域まで示すと

$$\begin{cases} f(x) = \lambda \exp(-\lambda x) & (x \geq 0) \\ f(x) = 0 & (x < 0) \end{cases}$$

である。

ここで、この累積分布関数は

$$F(t) = \int_0^t \lambda \exp(-\lambda x)\,dx = \left[-\exp(-\lambda x)\right]_0^t = 1 - \exp(-\lambda t)$$

となる。

これをグラフにすると図 11-2 のようになる。$t = 0$ で 0 であるが、次第に増えていき、$t \to \infty$ では 1 となる。これは、数多くの部品からなるシステムの故障確率に対応することがわかり、1950 年代にさかんに研究されたものである。あるいは製品の寿命と読み変えてもよい。

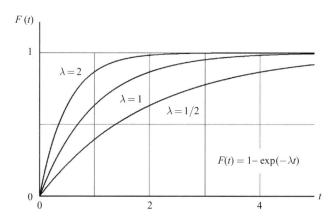

図 11-2　$F(t) = 1 - \exp(-\lambda t)$ のグラフ

つまり、誕生した時点では、すべての製品が 0 の状態、つまり故障のない状態であるが、それが時間 ($t$) とともに $F(t) = 1$ の状態、つまり、故障が生じて動かない状態に近づいていくという変化に対応している。

---

**演習** 11-2　指数分布の平均を求めよ。

---

**解**）　平均は確率変数 $x$ の期待値であるから

$$E[x] = \int_{-\infty}^{+\infty} x f(x) dx = \int_{0}^{+\infty} \lambda x \exp(-\lambda x) dx$$

と与えられる。部分積分を利用すると

$$\int_{0}^{+\infty} \lambda x \exp(-\lambda x) dx = \left[ \lambda x \left( -\frac{1}{\lambda} \right) \exp(-\lambda x) \right]_{0}^{+\infty} + \int_{0}^{+\infty} \exp(-\lambda x) dx$$

$$= \int_{0}^{+\infty} \exp(-\lambda x) dx = \left[ -\frac{1}{\lambda} \exp(-\lambda x) \right]_{0}^{+\infty} = \frac{1}{\lambda}$$

よって平均は

$$\mu = E[x] = \frac{1}{\lambda}$$

となる。

---

つぎに分散は

$$E\left[ (x - \mu)^2 \right] = \int_{-\infty}^{+\infty} (x - \mu)^2 f(x) dx = \int_{0}^{+\infty} \left( x - \frac{1}{\lambda} \right)^2 \lambda \exp(-\lambda x) dx$$

$$= \int_{0}^{+\infty} x^2 \lambda \exp(-\lambda x) dx - 2 \int_{0}^{+\infty} x \exp(-\lambda x) dx + \frac{1}{\lambda} \int_{0}^{+\infty} \exp(-\lambda x) dx$$

となる。

ここで、第 2 項、第 3 項の積分はすでに値が得られている。そこで第 1 項を計算する。部分積分を利用すると

$$\int_{0}^{+\infty} x^2 \lambda \exp(-\lambda x) dx = \left[ -x^2 \exp(-\lambda x) \right]_{0}^{+\infty} + 2 \int_{0}^{+\infty} x \exp(-\lambda x) dx = \frac{2}{\lambda^2}$$

と計算できる。よって

第 11 章　指数分布とワイブル分布

$$E\left[(x-\mu)^2\right]=\frac{2}{\lambda^2}-\frac{2}{\lambda^2}+\frac{1}{\lambda^2}=\frac{1}{\lambda^2}$$

と与えられる。つまり、この確率分布の分散は

$$\sigma^2=E\left[(x-\mu)^2\right]=\frac{1}{\lambda^2}$$

となる。

---

**演習 11-3**　モーメント母関数を利用して指数分布の平均および分散を求めよ。

---

**解)**　モーメント母関数は

$$M(t)=E\left[\exp(tx)\right]=\int_{-\infty}^{+\infty}\exp(tx)f(x)dx$$

によって与えられる。よって

$$M(t)=\int_{0}^{+\infty}\exp(tx)\lambda\exp(-\lambda x)dx=\lambda\int_{0}^{+\infty}\exp(tx-\lambda x)dx$$

$$=\left[\frac{\lambda}{t-\lambda}\exp\{(t-\lambda)x\}\right]_{0}^{+\infty}=\lim_{x\to\infty}\frac{\lambda}{t-\lambda}\exp\{(t-\lambda)x\}-\frac{\lambda}{t-\lambda}$$

となる。

右辺の第 1 項は、$x\to+\infty$ で $t>\lambda$ のとき発散してしまい値が得られない。そこで、$t<\lambda$ と仮定する。(いずれモーメントを求める際には $t=0$ を代入するので、この仮定で問題がない。) すると $\exp\{(t-\lambda)x\}\to 0$ であるからモーメント母関数は

$$M(t)=-\frac{\lambda}{t-\lambda}$$

と与えられる。この微分をとると

$$M'(t)=\frac{\lambda(t-\lambda)'}{(t-\lambda)^2}=\frac{\lambda}{(t-\lambda)^2}$$

となる。よって平均は

235

$$M'(0) = \mu = \frac{\lambda}{(0-\lambda)^2} = \frac{1}{\lambda}$$

となる。

　さらに $t$ に関して微分すると

$$\frac{d^2 M(t)}{dt^2} = M''(t) = \frac{-2\lambda(t-\lambda)}{(t-\lambda)^4} = -\frac{2\lambda}{(t-\lambda)^3}$$

$t = 0$ を代入すると

$$M''(0) = \frac{2}{\lambda^2}$$

となる。よって

$$M''(0) = E\left[x^2\right] = \frac{2}{\lambda^2}$$

　ここで、この分布の平均が $M'(0) = E[x] = \dfrac{1}{\lambda}$ であるから、分散は

$$V\left[x\right] = E\left[\left(x - \frac{1}{\lambda}\right)^2\right]$$

で与えられる。よって

$$V\left[x\right] = E\left[x^2\right] - \frac{2}{\lambda}E[x] + \frac{1}{\lambda^2} = \frac{2}{\lambda^2} - \frac{2}{\lambda^2} + \frac{1}{\lambda^2} = \frac{1}{\lambda^2}$$

となる。

---

　指数分布の累積分布関数は

$$F(t) = 1 - \exp(-\lambda t)$$

と与えられ、$t = 0$、つまり初期では

$$F(0) = 1 - \exp(-0) = 1 - 1 = 0$$

となって、故障確率は 0 であることがわかる。そして、時間の経過、つまり $t$ の増加とともに $F(t)$ は増加してゆき、$t \to \infty$ の極限では

$$\lim_{t \to \infty} F(t) = 1 - \exp(-\infty) = 1$$

となって、故障確率は 1、つまりすべての製品が故障するということになる。確かに、どんな装置であろうとも、永遠に故障しないということはないから、時間

第 11 章　指数分布とワイブル分布

とともに故障する製品数は増え、最後にはすべての製品が故障することになる。

このように、指数分布は、定性的には製品の故障率、別な視点では、その寿命を与える分布として適していると考えられていたが、実際の製品の寿命を表現するのに適切ではない場合が多く見られるようになった。

## 11.2.　ハザード関数とワイブル分布

そこで実際の寿命を表現するために、**ハザード関数** (hazard function) が導入された。この関数は以下で定義される。

$$h(t) = \lim_{\Delta t \to 0} P(t < T < t + \Delta t)$$

ここで、$P$ はある装置が故障する確率である。よって、この式は時間 $t$ までは故障せずに作動していたが、$\Delta t$ 時間後は故障するという瞬間的な確率を与える式であり、いわば、ある時間 $T$ にハザードすなわち故障が起こる確率を示している関数と考えられる。累積分布関数を使うと、この式は

$$h(t) = \lim_{\Delta t \to 0} \frac{\dfrac{1}{\Delta t}\big(F(t + \Delta t) - F(t)\big)}{1 - F(t)}$$

と書き換えることができる。ここで、分母は時間 $t$ までに故障せずに残っている個数を示している。分子は、$\Delta t$ 時間後故障する個数であり、まさに $F(t)$ の微分であるから、確率密度関数となり

$$h(t) = \frac{f(t)}{1 - F(t)}$$

と与えられる。一般の教科書には、この式が載っているが、微分方程式を学んだものにとっては

$$h(t) = \frac{F'(t)}{1 - F(t)}$$

という式の方がなじみ深いかもしれない。なぜなら、原子核の崩壊においては、その速度が、原子濃度を $N$ とすると

$$-\frac{dN}{N}$$

237

に比例することが知られており、まさにハザード関数に対応するからである。物体の冷却カーブも、同様に表現できる。

ここで指数分布のハザード関数を計算してみよう。すると

$$h(t) = \frac{\lambda \exp(-\lambda t)}{1 - \{1 - \exp(-\lambda t)\}} = \lambda$$

となって、何と指数分布では時間に関係なく故障率は常に一定ということになる。しかし、普通の装置を考えてみると、故障率が常に一定という仮定は成立せず、時間とともに故障する装置が増えてくるという状態が当然である。そこで、指数関数を少し変形して、時間とともに故障率が増えていくようにする。すると

$$F(x) = 1 - \exp(-\lambda x)$$

の代わりに

$$F(x) = 1 - \exp(-\alpha x^m)$$

という累積分布関数を考えればよいことがわかる。ただし、$m > 1$ である。こうすれば、時間とともに、故障する確率が増えるという、われわれが普段体験している事象に適用することができる。

---

**演習** 11-4　累積分布関数 $F(x) = 1 - \exp(-\alpha x^m)$ を微分することにより、確率密度関数を求めよ。

---

**解）**　指数関数の合成関数の微分は

$$\{\exp(f(x))\}' = \exp(f(x))f'(x)$$

であることに注意すると

$$\frac{dF(x)}{dx} = -\exp(-\alpha x^m)\left(-\alpha x^m\right)' = -\exp(-\alpha x^m)\left(-m\alpha x^{m-1}\right)$$

よって

$$\frac{dF(x)}{dx} = f(x) = m\alpha x^{m-1}\exp(-\alpha x^m)$$

となる。

---

この確率密度関数に対応した分布を**ワイブル分布** (Weibull distribution) と呼んでいる。つまり、ワイブル分布は、指数分布を基本にして、その故障確率が時

間とともに増えるように修正したものである。

　ただし、実用的には $m > 1$ という制限をつける必要はない。このとき、$m$ の値によって、分布の意味が違ってくる。たとえば、$m < 1$ ということは、時間とともに故障率が下がるということに対応するが、普通の装置でこんなことは起きない。つまり、初期不良で装置が動かない状態に対応する。また、$m = 1$ の場合には、常に一定の確率で故障が生じることになるが、実際の装置では、あまりこのケースに相当する場合は考えられず、むしろ物理学で原子核の崩壊や、物体の温度が低下していく場合に適用できる。

　一方、$m > 1$ のワイブル分布は、時間とともに故障率が上がっていくという事象であるから、ほとんどの工業的な製品の寿命を予測するのに適している。実は、工業製品だけでなく人間もいくつかの部品からなっている機械とみなすことができる。すると、その寿命もワイブル分布で表現することができそうであるが、実際に医学の世界ではワイブル分布で人間の寿命の解析が行われているのである。

　ここで、ワイブル分布の確率密度関数を、もう一度抜き出してみよう。
$$f(x) = m\alpha x^{m-1} \exp(-\alpha x^m)$$
ここで、$\alpha = 1$ として $m$ を変えてグラフを描くと、図 11-3 に示すように、この確率密度関数の様子は、大きく変化する。つまり、$m$ がその特徴を決めることになる。このため、$m$ を形状係数と呼んでいる。

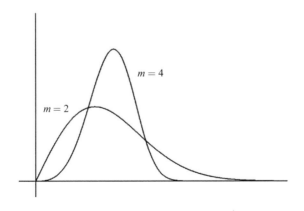

図 11-3　ワイブル分布の形状

ワイブル分布では、ある製品や人の寿命を考えているので、この分布の定義域は $x > 0$ である。また、$x$ は連続型確率変数となる。ここで、関数 $f(x)$ が確率密度関数の条件を満たすかどうか、確かめてみよう。$f(x)$ を全空間で積分する。

$$\int_{-\infty}^{+\infty} f(x)dx = \int_0^\infty m\alpha x^{m-1} \exp(-\alpha x^m)dx$$

である。被積分関数は

$$-\exp(-\alpha x^m)$$

の微分であるから

$$\int_{-\infty}^{+\infty} f(x)dx = \Big[-\exp(-\alpha x^m)\Big]_0^\infty = -\exp\big(-\alpha x^\infty\big) - \big(-\exp 0\big) = 0 + 1 = 1$$

となって、確かに 1 となり確率密度関数の条件を満たすことがわかる。

つぎに、ワイブル分布のハザード関数を求めてみよう。

$$h(x) = \frac{f(x)}{1-F(x)} = \frac{m\alpha x^{m-1}\exp(-\alpha x^m)}{1-\big(1-\exp(-\alpha x^m)\big)} = \frac{m\alpha x^{m-1}\exp(-\alpha x^m)}{\exp(-\alpha x^m)} = m\alpha x^{m-1}$$

よって、確かに $m > 1$ のときは、$x$ の増加とともに故障率が上昇していくことがわかる。

## 11.3. ワイブル分布の平均と分散

それでは、ワイブル分布の確率密度関数の平均と分散を求めてみよう。まず平均は

$$E[x] = \int_{-\infty}^{+\infty} xf(x)dx = \int_0^\infty m\alpha x^m \exp(-\alpha x^m)dx$$

ここで $t = x^m$ と置いてみよう。

$$dt = mx^{m-1}dx$$

これを変形すると

$$dx = \frac{1}{mx^{m-1}}dt = \frac{1}{m}\frac{x}{t}dt = \frac{1}{m}\frac{t^{\frac{1}{m}}}{t}dt$$

よって

第 11 章　指数分布とワイブル分布

$$E[x] = \int_0^\infty m\alpha x^m \exp(-\alpha x^m)dx = \int_0^\infty m\alpha t \exp(-\alpha t)\frac{t^{\frac{1}{m}}}{mt}dt$$

$$= \int_0^\infty \alpha t^{\frac{1}{m}} \exp(-\alpha t)dt$$

さらに $z = \alpha t$ と置くと

$$dz = \alpha dt$$

よって

$$E[x] = \int_0^\infty \left(\frac{z}{\alpha}\right)^{\frac{1}{m}} \exp(-z)dz = \left(\frac{1}{\alpha}\right)^{\frac{1}{m}} \int_0^\infty z^{\frac{1}{m}} \exp(-z)dz$$

ここでガンマ関数の定義を思い出すと

$$\Gamma(p) = \int_0^\infty z^{p-1} \exp(-z)dz$$

であった。よってワイブル分布の平均は

$$E[x] = \left(\frac{1}{\alpha}\right)^{\frac{1}{m}} \int_0^\infty z^{\frac{1}{m}} \exp(-z)dz = \left(\frac{1}{\alpha}\right)^{\frac{1}{m}} \int_0^\infty z^{\frac{1}{m}+1-1} \exp(-z)dz = \left(\frac{1}{\alpha}\right)^{\frac{1}{m}} \Gamma\left(\frac{1}{m}+1\right)$$

と与えられる。

---

**演習 11-5**　ワイブル分布の確率密度関数の分散を、ガンマ関数を用いて表現せよ。

---

**解）**　ワイブル分布の確率密度関数は

$$f(x) = m\alpha x^{m-1} \exp(-\alpha x^m)$$

であるから、2 次のモーメントは

$$E[x^2] = \int_{-\infty}^{+\infty} x^2 f(x)dx = \int_0^\infty m\alpha x^{m+1} \exp(-\alpha x^m)dx$$

ここで $t = x^m$ と置いてみよう。

$$dt = mx^{m-1}dx$$

これを変形すると

*241*

$$dx = \frac{1}{m\,x^{m-1}}dt = \frac{1}{m}\frac{x}{t}dt = \frac{1}{m}\frac{t^{\frac{1}{m}}}{t}dt$$

よって

$$E[x^2] = \int_0^\infty m\alpha x^{m+1}\exp(-\alpha x^m)dx = \int_0^\infty m\alpha t\, t^{\frac{1}{m}}\exp(-\alpha t)\frac{t^{\frac{1}{m}}}{mt}dt$$

$$= \int_0^\infty \alpha t^{\frac{2}{m}}\exp(-\alpha t)dt$$

さらに $z = \alpha t$ と置くと

$$dz = \alpha\,dt$$

よって

$$E[x^2] = \int_0^\infty \left(\frac{z}{\alpha}\right)^{\frac{2}{m}}\exp(-z)dz = \left(\frac{1}{\alpha}\right)^{\frac{2}{m}}\int_0^\infty z^{\frac{2}{m}}\exp(-z)dz$$

ここでガンマ関数の定義を思い出すと

$$\Gamma(p) = \int_0^\infty z^{p-1}\exp(-z)dz$$

であった。よって

$$E[x^2] = \left(\frac{1}{\alpha}\right)^{\frac{2}{m}}\int_0^\infty z^{\frac{2}{m}}\exp(-z)dz = \left(\frac{1}{\alpha}\right)^{\frac{2}{m}}\int_0^\infty z^{\frac{2}{m}+1-1}\exp(-z)dz = \left(\frac{1}{\alpha}\right)^{\frac{2}{m}}\Gamma\left(\frac{2}{m}+1\right)$$

と与えられる。ここで

$$E[x] = \left(\frac{1}{\alpha}\right)^{\frac{1}{m}}\Gamma\left(\frac{1}{m}+1\right)$$

であったから、分散は

$$V[x] = E[x^2] - (E[x])^2 = \left(\frac{1}{\alpha}\right)^{\frac{2}{m}}\Gamma\left(\frac{2}{m}+1\right) - \left\{\left(\frac{1}{\alpha}\right)^{\frac{1}{m}}\Gamma\left(\frac{1}{m}+1\right)\right\}^2$$

これを整理するとワイブル分布の分散は

第 11 章　指数分布とワイブル分布

$$V[x] = \left(\frac{1}{\alpha}\right)^{\frac{2}{m}}\left[\Gamma\left(\frac{2}{m}+1\right)-\left\{\Gamma\left(\frac{1}{m}+1\right)\right\}^2\right]$$

と与えられる。

---

ワイブル分布の確率密度関数は
$$f(x) = m\alpha x^{m-1}\exp(-\alpha x^m)$$
と与えられるが、教科書によっては
$$f(x) = \frac{m}{a}x^{m-1}\exp\left(-\frac{x^m}{a}\right)$$
と書く場合もある。この場合の平均および分散は

$$E[x] = a^{\frac{1}{m}}\Gamma\left(\frac{1}{m}+1\right) \qquad V[x] = a^{\frac{2}{m}}\left[\Gamma\left(\frac{2}{m}+1\right)-\left\{\Gamma\left(\frac{1}{m}+1\right)\right\}^2\right]$$

と与えられる。また、累積分布関数は
$$F(x) = 1-\exp\left(-\frac{x^m}{a}\right)$$
となる。ここでこの式を変形すると

$$1-F(x) = \exp\left(-\frac{x^m}{a}\right) \qquad \frac{1}{1-F(x)} = \exp\left(\frac{x^m}{a}\right)$$

となるが、この自然対数をとると
$$\ln\left(\frac{1}{1-F(x)}\right) = \frac{x^m}{a}$$

もう一度、自然対数をとると
$$\ln\left\{\ln\left(\frac{1}{1-F(x)}\right)\right\} = m\ln x - \ln a$$
となって、縦軸に

$$\ln\left\{\ln\left(\frac{1}{1-F(x)}\right)\right\}$$

を、横軸に $\ln x$ をプロットすると直線となり、その傾きは $m$ となる。理工系の実験では、よくこのようなプロットをし、その傾きから $m$ を求める。この係数を

**ワイブル係数** (Weibull coefficient) と呼んでいる。

　また、一般の工場における装置や製品などの故障現象はワイブル係数 $m$ によってつぎの 3 種類に分類される。

　$m < 1$ のとき、時間とともに故障率が小さくなる。つまり、初期的な故障に対応する。つぎに、$m = 1$ のとき、時間に対して故障率が一定となるので、いつ故障が起きるか予想のつかない偶発的な故障に対応する。最後に、$m > 1$ のとき、時間とともに故障率が大きくなる性質であり、疲労現象などに対応する。

# 第12章　2変数の確率分布

## 12.1.　同時確率分布

これまで、確率変数が1個の場合を主として取り扱ってきたが、確率変数が2個ある場合の分布を考えてみる。

いま、区別できる二つのサイコロがあるとしよう。たとえば、色が赤と白のサイコロがあるとする。そして、赤のサイコロの出目の数を確率変数 $x$ に対応させ、白のサイコロの出目の数を確率変数 $y$ に対応させる。

すると、たとえば

$$P(x=1) = \frac{1}{6} \qquad P(y=1) = \frac{1}{6}$$

と書くことができるが、両方の目とも1の目が出る確率は

$$P(x=1, y=1) = \frac{1}{36}$$

と書くことができる。あるいは、サイコロの目がふたつとも3より小さい確率は

$$P(x \leq 3, y \leq 3) = \frac{1}{2} \times \frac{1}{2} = \frac{1}{4}$$

と表記することができる。このように、ふたつの変数の確率分布を **2次元確率分布** (two dimensional probability distribution) と呼んでいる。いま、離散的な確率変数が2種類あり、それぞれ

$$x = x_i \ (i=1, 2, 3, ..., m) \qquad y = y_j \ (j=1, 2, 3, ..., n)$$

としよう。このとき、$x = x_i$ かつ $y = y_j$ になる確率が

$$P(x = x_i, y = y_j) = p_{ij}$$

とわかっているとき

$$f(x, y) = \begin{cases} p_{ij} & (x = x_i, y = y_j) \\ 0 & (x \neq x_i, y \neq y_j) \end{cases}$$

という確率密度が与えられる。

　このとき、分布関数として

$$F(x, y) = P\,(x \leq a, y \leq b) = \sum_{x_i \leq a} \sum_{y_i \leq b} f(x_i, y_j)$$

のかたちをした関数を考えることができる。このように、ふたつの変数の確率分布を**同時確率分布** (joint probability distribution) と呼んでいる。確率分布の満足すべき性質は

$$\sum_{i=1}^{m} \sum_{j=1}^{n} f(x_i, y_j) = 1$$

となる。これは考えられる確率をすべて足したものが 1 になるという 1 変数の場合と同じ性質である。2 個のサイコロの例では

$$f(1, 1) = \frac{1}{36} \qquad f(1, 2) = \frac{1}{36} \qquad f(1, 3) = \frac{1}{36}$$

からはじまって

$$f(6, 5) = \frac{1}{36} \qquad f(6, 6) = \frac{1}{36}$$

まで 36 通りの組み合わせがあるが、それらすべての同時確率は 1/36 であり、よって、すべての確率分布を集計したものは 1 となる。

---

**演習** 12-1　区別のつくコインをふたつ投げたとき、表が出れば 0、裏が出れば 1 という確率変数に対応させる。このときの確率密度関数を求めよ。

---

　**解**）　両方とも表が出る確率は 1/4 であるから

$$f(0, 0) = \frac{1}{4}$$

同様に考えていくと

$$f(1, 0) = \frac{1}{4} \qquad f(0, 1) = \frac{1}{4} \qquad f(1, 1) = \frac{1}{4}$$

第 12 章　2 変数の確率分布

となる。また、求めた確率をすべて足せば 1 となる。

---

　以上が離散型の確率分布の場合であるが、連続型確率分布にも当然のことながら 2 次元確率分布を考えることができる。確率変数が 1 個だけの場合は

$$P(a \leq x \leq b) = \int_a^b f(x)dx$$

であった。これに対し、確率変数が $x$ と $y$ のふたつになった場合

$$P(a \leq x \leq b, c \leq y \leq d) = \int_a^b \int_c^d f(x,y)dxdy$$

のような 2 **重積分** (double integral) のかたちに書くことができる。1 変数の場合の確率密度関数 $f(x)$ に対して

$$f(x) \geq 0 \qquad \int_{-\infty}^{\infty} f(x)dx = 1$$

という条件があったが、2 変数の場合の**同時確率密度関数** ( joint probability density function) に対しては

$$f(x,y) \geq 0 \qquad \int_{-\infty}^{\infty} \int_{-\infty}^{\infty} f(x,y)dxdy = 1$$

という条件が付加されることになる。また、2 変数の場合の累積分布関数は

$$F(x,y) = \int_{-\infty}^{x} \int_{-\infty}^{y} f(x,y)dxdy$$

で与えられることになる。

---

**演習** 12-2　つぎの関数が同時確率密度関数となるように

$$f(x,y) = a\exp\left(-\frac{x^2+y^2}{2}\right)$$

定数 $a$ の値を求めよ。

---

　**解**）　同時確率密度関数の満足すべき条件は

$$\int_{-\infty}^{\infty} \int_{-\infty}^{\infty} f(x,y)dxdy = 1$$

*247*

ここで

$$\int_{-\infty}^{\infty}\int_{-\infty}^{\infty} a\exp\left(-\frac{x^2+y^2}{2}\right)dxdy$$

この積分は、ガウス積分と呼ばれるもので、すでに第2章で極座標に置き換えることで

$$\int_{-\infty}^{\infty}\int_{-\infty}^{\infty} \exp\left(-\frac{x^2+y^2}{2}\right)dxdy = 2\pi$$

という結果が得られている。よって同時確率密度関数の条件を満足するためには

$$a = \frac{1}{2\pi}$$

となり、確率密度関数は

$$f(x,y) = \frac{1}{2\pi}\exp\left(-\frac{x^2+y^2}{2}\right)$$

と与えられる。

## 12.2. 2次元確率分布の期待値

確率変数が1個の場合の、関数 $\phi(x)$ の期待値は

$$E[\phi(x)] = \int_{-\infty}^{\infty} \phi(x)f(x)dx$$

で与えられる。確率変数が2個の場合も同様にして、関数 $\phi(x,y)$ の期待値は

$$E[\phi(x,y)] = \int_{-\infty}^{\infty}\int_{-\infty}^{\infty} \phi(x,y)f(x,y)dxdy$$

で与えられる。

さらに、確率変数 $x$ の期待値は

$$E[x] = \int_{-\infty}^{\infty}\int_{-\infty}^{\infty} xf(x,y)dxdy$$

で与えられ、確率変数 $y$ の期待値は

$$E[y] = \int_{-\infty}^{\infty}\int_{-\infty}^{\infty} yf(x,y)dxdy$$

と与えられる。また、離散型確率変数の期待値も1変数の場合と同様に与えられ

第 12 章　2 変数の確率分布

$$E[\phi(x, y)] = \sum_{i=1}^{m} \sum_{j=1}^{n} \phi(x_i, y_j) f(x_i, y_j) = \sum_{i=1}^{m} \sum_{j=1}^{n} \phi(x_i, y_j) p_{ij}$$

となる。

---

**演習 12-3**　つぎの同時確率密度関数において、$x$ の期待値を求めよ。

$$\begin{cases} f(x, y) = x + y & (0 < x < 1, \quad 0 < y < 1) \\ 0 & (その他の \ x, y \ 領域) \end{cases}$$

---

**解）**　$x$ の期待値は

$$E[x] = \int_{-\infty}^{\infty} \int_{-\infty}^{\infty} x f(x, y) dx dy$$

と与えられるが、$0 < x < 1,\ 0 < y < 1$ の領域のみ確率が 0 ではないので

$$E[x] = \int_0^1 \int_0^1 x(x + y) dx dy = \int_0^1 \int_0^1 (x^2 + xy) dx dy$$

$$= \int_0^1 \left[ \frac{x^3}{3} + \frac{x^2}{2} y \right]_0^1 dy = \int_0^1 \left( \frac{1}{3} + \frac{y}{2} \right) dy = \left[ \frac{y}{3} + \frac{y^2}{4} \right]_0^1 = \frac{1}{3} + \frac{1}{4} = \frac{7}{12}$$

と与えられる。

---

$y$ の期待値は

$$E[y] = \int_0^1 \int_0^1 y(x + y) dx dy = \int_0^1 \left\{ \int_0^1 (xy + y^2) dx \right\} dy$$

$$= \int_0^1 \left[ \frac{x^2}{2} y + xy^2 \right]_0^1 dy = \int_0^1 \left( \frac{1}{2} y + y^2 \right) dy = \left[ \frac{1}{4} y^2 + \frac{1}{3} y^3 \right]_0^1 = \frac{1}{4} + \frac{1}{3} = \frac{7}{12}$$

となる。

---

**演習 12-4**　つぎの同時確率密度関数において $\phi(x, y) = xy$ の期待値を求めよ。

$$\begin{cases} f(x, y) = x + y & (0 < x < 1, \quad 0 < y < 1) \\ 0 & (その他の \ x, y \ 領域) \end{cases}$$

249

**解）** 関数 $\phi(x, y) = xy$ の期待値は

$$E[\phi(x, y)] = \int_{-\infty}^{\infty} \int_{-\infty}^{\infty} \phi(x, y) f(x, y) dx dy$$

であるから

$$E[xy] = \int_0^1 \int_0^1 xy(x + y) dx dy$$

で与えられる。よって

$$E[xy] = \int_0^1 \left\{ \int_0^1 (x^2 y + xy^2) dx \right\} dy = \int_0^1 \left[ \frac{x^3}{3} y + \frac{x^2}{2} y^2 \right]_0^1 dy$$

$$= \int_0^1 \left( \frac{y}{3} + \frac{y^2}{2} \right) dy = \left[ \frac{y^2}{6} + \frac{y^3}{6} \right]_0^1 = \frac{1}{6} + \frac{1}{6} = \frac{1}{3}$$

となる。

## 12.3. 確率変数の独立性

2次元確率分布と言っても、2変数の間に相関がなければ、その同時確率分布は非常に簡単になる。再び、サイコロの例を考えてみよう。赤いサイコロの出目の数を確率変数 $x$ とし、白いサイコロの出目の数を確率変数 $y$ とする。これら、ふたつの変数の同時確率密度関数を

$$h(x, y)$$

とする。ここで、$x$ の確率密度関数を $f(x)$ とし、$y$ の確率密度関数を $g(y)$ とすると

$$h(x, y) = f(x) g(y)$$

で与えられる。確かに、赤いサイコロの出目の数は、白いサイコロの出目の数にまったく影響を与えないので、これら確率変数は独立である。実際に、サイコロの例で、赤いサイコロの出目が1、白のサイコロの出目が4になる同時確率は

$$h(1, 4) = f(1) g(4) = \frac{1}{6} \times \frac{1}{6} = \frac{1}{36}$$

と与えられる。

第 12 章　2 変数の確率分布

このように、確率変数が互いに独立の場合は
$$E[xy] = E[x]E[y]$$
の関係にある。これを確かめてみよう。
$$E[\phi(x,y)] = \int_{-\infty}^{\infty}\int_{-\infty}^{\infty} \phi(x,y)h(x,y)dxdy$$
であった。確率変数が互いに独立の場合
$$E[xy] = \int_{-\infty}^{\infty}\int_{-\infty}^{\infty} xyh(x,y)dxdy = \int_{-\infty}^{\infty}\int_{-\infty}^{\infty} xyf(x)g(y)dxdy$$
となる。これは
$$E[xy] = \int_{-\infty}^{\infty}\left(yg(y)\int_{-\infty}^{\infty} xf(x)dx\right)dy$$
と変形できる。ここで
$$E[x] = \int_{-\infty}^{\infty} xf(x)dx$$
の関係にあるから
$$E[xy] = \int_{-\infty}^{\infty}\big(E[x]\,yg(y)\big)dy = E[x]\int_{-\infty}^{\infty} yg(y)dy = E[x]E[y]$$
となる。

## 12.4.　2 次元確率変数の分散

期待値と同様に、2 変数 $x, y$ の場合の分散も、1 変数の場合と同様に与えられる。
$$V[x] = E\left[(x-\mu_x)^2\right] \qquad V[y] = E\left[(y-\mu_y)^2\right]$$
ただし
$$E[x] = \mu_x \qquad E[y] = \mu_y$$
という関係にある。

2 変数の場合には、実はこれら分散の他にも**共分散** (covariance) と呼ばれる分散がある。それは

251

$$Cov[x, y] = E\left[(x - \mu_x)(y - \mu_y)\right]$$

というかたちをした分散である。

　これは、2 変数の相関の強さの指標となっている。この式を変形してみよう。すると

$$Cov[x, y] = E\left[(x - \mu_x)(y - \mu_y)\right] = E\left[xy - x\mu_y - y\mu_x + \mu_x\mu_y\right]$$

$$= E[xy] - E[x]\mu_y - E[y]\mu_x + \mu_x\mu_y = E[xy] - \mu_x\mu_y$$

と変形することができる。あるいは

$$Cov[x, y] = E[xy] - E[x]E[y]$$

と与えられる。

---

**演習** 12-5　確率変数 $x$ と $y$ が独立の場合、つまり両変数に相関がない場合には共分散が 0 になることを示せ。

---

　**解）**　確率変数が互いに独立の場合

$$E[xy] = E[x]E[y]$$

という関係が成立する。

　ここで共分散は

$$Cov[x, y] = E[xy] - E[x]E[y]$$

と与えられるので

$$Cov[x, y] = E[xy] - E[x]E[y] = E[x]E[y] - E[x]E[y] = 0$$

から、共分散が 0 となることがわかる。

---

　このように、共分散とは確率変数が互いに独立のときは 0 であり、互いに相関

252

がある場合には 0 とはならない。実は、この共分散という考えは、**回帰分析** (regression analysis) において、ふたつの変数の相関を調べる場合に重要な指標となる[19]。

## 12. 5. 正規分布の加法性

すでに第 3 章で紹介したように、正規分布に従うふたつの集団から標本を取り出して、その和で新たな集団をつくると、その和も正規分布に従う。

それは

$$N(\mu_1, \sigma_1{}^2) + N(\mu_2, \sigma_2{}^2) \to N(\mu_1 + \mu_2, \sigma_1{}^2 + \sigma_2{}^2)$$

というものであった。これを**正規分布の加法性** (additive property of normal distribution) と呼んでいる。この事実を確かめてみよう。

いま、確率変数 $x$ および $y$ が正規分布 $N(\mu_1, \sigma_1{}^2)$ および $N(\mu_2, \sigma_2{}^2)$ に従うものとする。これら集団より、ふたつの確率変数を取り出し、その和 $x + y$ で新たな分布を作った場合を考えてみよう。つまり

$$f(x) = \frac{1}{\sqrt{2\pi}\sigma_1} \exp\left(-\frac{(x - \mu_1)^2}{2\sigma_1{}^2}\right) \qquad g(y) = \frac{1}{\sqrt{2\pi}\sigma_2} \exp\left(-\frac{(y - \mu_2)^2}{2\sigma_2{}^2}\right)$$

という確率密度関数に従う確率変数を考え、その和の期待値を求めると

$$E[x + y] = E[x] + E[y] = \mu_1 + \mu_2$$

となって、それぞれの平均値の和となる。

つぎに、その分散は

$$V[x + y] = E\left[(x + y)^2\right] - \left(E[x + y]\right)^2 = E\left[(x + y)^2\right] - (\mu_1 + \mu_2)^2$$

と与えられる。

---

**演習 12-6** $E\left[(x + y)^2\right]$ を計算せよ。

---

[19] 回帰分析の手法と応用に関しては、『回帰分析』村上、井上、小林著（飛翔舎、2023）を参照いただきたい。

解）

$$E\left[(x+y)^2\right]=E\left[x^2+2xy+y^2\right]=E\left[x^2\right]+2E\left[xy\right]+E\left[y^2\right]$$

と変形できるが、確率変数が互いに独立の場合

$$E\left[xy\right]=E[x]\,E[y]$$

となるので

$$E\left[xy\right]=\mu_1\mu_2$$

と与えられる。よって

$$E\left[(x+y)^2\right]=E\left[x^2\right]+E\left[y^2\right]+2\mu_1\mu_2$$

となる。

---

分散の式に代入すると

$$V\left[x+y\right]=E\left[(x+y)^2\right]-(\mu_1+\mu_2)^2$$

$$=E\left[x^2\right]+E\left[y^2\right]+2\mu_1\mu_2-(\mu_1{}^2+2\mu_1\mu_2+\mu_2{}^2)$$

$$=E\left[x^2\right]+E\left[y^2\right]-(\mu_1{}^2+\mu_2{}^2)$$

となる。ここで、右辺はつぎのように変形できる。

$$V\left[x+y\right]=\left(E\left[x^2\right]-\mu_1{}^2\right)+\left(E\left[y^2\right]-\mu_2{}^2\right)$$

結局

$$V\left[x+y\right]=V\left[x\right]+V\left[y\right]$$

となり、分散においても加法性が確認できる。

したがって、平均ならびに分散に加法性があるので、正規分布においては

$$N(\mu_1,\sigma_1{}^2)+N(\mu_2,\sigma_2{}^2)=N(\mu_1+\mu_2,\sigma_1{}^2+\sigma_2{}^2)$$

となり、第3章で説明した加法性が成立することがわかる。

図 12-1 に正規分布の加法による新たな分布の様子を示す。ここで、重要なのは、単に2個の正規分布を重ね合わせた場合には、2個のピークからなる分布となるという点である。標本の和をとって、それを、新たな確率変数として確率分布とするのが、正規分布の和であることに注意されたい。

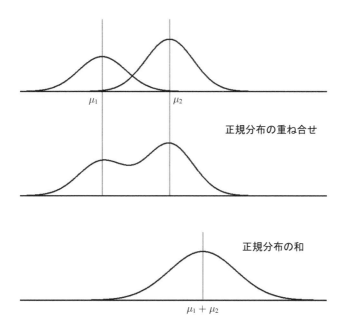

図 12-1　2個の正規分布と、その重ね合せならびに確率変数の和の分布

---

**演習 12-7** 同じ平均と分散からなる正規分布から 2 個の成分を取り出して、その平均で、新たな分布をつくったときの平均と分散を求めよ。

---

**解）** まず、平均の期待値は

$$E\left[\frac{x+y}{2}\right] = \frac{1}{2}E[x] + \frac{1}{2}E[y] = \mu$$

となって、母平均となる。つぎに分散は

$$V\left[\frac{x+y}{2}\right] = E\left[\left(\frac{x+y}{2}\right)^2\right] - \left(E\left[\frac{x+y}{2}\right]\right)^2$$

となるが

$$E\left[\frac{x^2+2xy+y^2}{4}\right] - \mu^2 = \frac{E[x^2]+2E[xy]+E[y^2]}{4} - \mu^2$$

さらに

$$E[xy] = E[x]E[y] = \mu^2$$

であるから

$$V\left[\frac{x+y}{2}\right] = \frac{E[x^2]+2E[xy]+E[y^2]}{4} - \mu^2 = \frac{E[x^2]+2\mu^2+E[y^2]}{4} - \mu^2$$

$$= \frac{E[x^2]-2\mu^2+E[y^2]}{4} = \frac{\left(E[x^2]-\mu^2\right)+\left(E[y^2]-\mu^2\right)}{4} = \frac{\sigma^2+\sigma^2}{4} = \frac{\sigma^2}{2}$$

となる。

---

**演習 12-8** 同じ平均と分散からなる正規分布から 2 個の成分を取り出して、その差で、新たな分布をつくったときの平均と分散を求めよ。

---

**解)** 平均の期待値は

$$E[x-y] = E[x] - E[y] = 0$$

から 0 となる。つぎに分散は

$$V[x-y] = E\left[(x-y)^2\right] - \left(E[x-y]\right)^2 = E\left[(x-y)^2\right]$$

となるが

$$E\left[(x-y)^2\right] = E[x^2] - 2E[xy] + E[y^2]$$

さらに

$$E[xy] = E[x]E[y] = \mu^2$$

第 12 章　2 変数の確率分布

であるから

$$V[x-y] = E[x^2] - 2E[xy] + E[y^2] = E[x^2] + E[y^2] - 2\mu^2$$

$$= \left(E[x^2] - \mu^2\right) + \left(E[y^2] - \mu^2\right) = 2\sigma^2$$

となる。

---

　同じ正規分布に属する確率変数の差の期待値は 0 となるのは容易に推測できる。一方、分散は、もとの分布の 2 倍となっている。

　この結果を一般化すると、異なる正規分布から標本を取り出し、その差で新たな分布をつくったときには

$$N(\mu_1, \sigma_1{}^2) - N(\mu_2, \sigma_2{}^2) = N(\mu_1 - \mu_2, \sigma_1{}^2 + \sigma_2{}^2)$$

という関係が成立する。

# おわりに

　ある集団の特徴を調べようとして、たった 2 個のデータしか手に入らなかった場合はどうだろうか。多くのひとは、データが 2 個しかないなら何もわからないとあきらめるかもしれない。

　ところが、本書で学んだ知識があれば、大きく世界が拡がるのである。たとえば、このデータがある工場でつくられた製品の寸法としよう。すると、寸法が正規分布に従うという予想がつく。そのうえで、2 個のデータから平均と分散が計算できる。

　この結果、正規分布の確率密度関数を通して、製品の寸法分布を数式で表現することができるのである。統計の知識が、大きな武器となる一例である。

　一方で、統計学は多くのひとから敬遠される傾向にある。それは、教科書をひも解けば、いきなり近寄りがたい数式が続々と登場するからである。

　このため、世の中には、「数式のいらない」や「数式を使わない」と銘打った統計学に関する本やサイトもたくさんあり、実際に、データを入力すれば、必要な統計量が得られるので重宝されている。

　ただし、統計の本質を理解していないと、思わぬ失敗をすることもある。政府や企業が発表する統計データでも、過去に多くの誤りが見つかっている。やはり、本質を理解するには、数式は避けて通れない。

　本書には、いろいろな確率密度分布に対応した数式が登場するので、すこし苦戦をしたひとも多かったかもしれない。ただし、統計の本質を知りたいという意欲があれば、必ず、理解も進むはずだ。

　さらに学問は一読しただけで身に着くわけではない。他書も参考にしながら、実践で統計手法を研いて欲しい。いま、世界はデータサイエンティストを必要としている。**Good luck!**

# 著者紹介

## 村上　雅人

理工数学研究所　所長　工学博士
情報・システム研究機構　監事
2012 年より 2021 年まで芝浦工業大学学長
2021 年より岩手県 DX アドバイザー
現在、日本数学検定協会評議員、日本工学アカデミー理事
技術同友会会員、日本技術者連盟会長
著書「大学をいかに経営するか」（飛翔舎）
　　「なるほど生成消滅演算子」（海鳴社）
など多数

## 井上　和朗

物質・材料研究機構　研究業務員　博士（工学）
1998 年－2006 年　（財）国際超電導産業技術研究センター超電導工学研究所
2006 年－2008 年　物質・材料研究機構　特別研究員
2013 年－2018 年　芝浦工業大学工学部材料工学科特任教授
著書「回帰分析」（飛翔舎）

## 小林　忍

理工数学研究所　主任研究員
著書「超電導の謎を解く」（C&R 研究所）
　　「低炭素社会を問う」（飛翔舎）
　　「エネルギー問題を斬る」（飛翔舎）
　　「SDGs を吟味する」（飛翔舎）
監修「テクノロジーのしくみとはたらき図鑑」（創元社）

―理工数学シリーズ―

統計学

2025 年　4 月　18 日　第 1 刷　発行

発行所：合同会社飛翔舎 https://www.hishosha.com
　　　　住所：東京都杉並区荻窪三丁目 16 番 16 号
　　　　電話：03-5930-7211　FAX：03-6240-1457
　　　　E-mail: info@hishosha.com

編集協力：小林信雄、吉本由紀子
組版：井上和朗
印刷製本：株式会社シナノパブリッシングプレス

©2025 printed in Japan
ISBN:978-4-910879-19-2　　C3041
落丁・乱丁本はお買い上げの書店でお取替えください。

# 飛翔舎の本

## 高校数学から優しく橋渡しする ―理工数学シリーズ―

&lt;増刷決定&gt;
### 「統計力学　基礎編」 村上雅人・飯田和昌・小林忍　　A5 判 220 頁　2000 円

ミクロカノニカル、カノニカル、グランドカノニカル集団の違いを詳しく解説。
ミクロとマクロの融合がなされた熱力学の本質を明らかにしていく。

### 「統計力学　応用編」 村上雅人・飯田和昌・小林忍　　A5 判 210 頁　2000 円

ボルツマン因子や分配関数を基本に統計力学がどのように応用されるかを解
説。2 原子分子、固体の比熱、イジング模型と相転移への応用にも挑戦する。

### 「回帰分析」 村上雅人・井上和朗・小林忍　　A5 判 288 頁　2000 円

既存のデータをもとに目的の数値を予測する手法を解説。データサイエンスの
基礎となる統計検定と AI の基礎である回帰分析が学べる。

### 「量子力学 I　行列力学入門」 村上雅人・飯田和昌・小林忍　A5 判 188 頁　2000 円

未踏の分野に果敢に挑戦したハイゼンベルクら研究者の物語。量子力学がどの
ようにして建設されたのかがわかる。量子力学 三部作の第 1 弾。

### 「線形代数」 村上雅人・鈴木絢子・小林忍　　A5 判 236 頁　2000 円

量子力学の礎「固有値」「固有ベクトル」そして「行列の対角化」の導出方法
を解説。線形代数の汎用性がわかる。

### 「解析力学」 村上雅人・鈴木正人・小林忍　　A5 判 290 頁　2500 円

ラグランジアン $L$ やハミルトニアン $H$ の応用例を示し、解析力学が立脚する
変分法を、わかりやすく解説。

### 「量子力学 II　波動力学入門」 村上雅人・飯田和昌・小林忍　A5 判 308 頁　2600 円

ラゲールの陪微分方程式やルジャンドルの陪微分方程式などの性質を詳しく
解説し、水素原子の電子軌道の構造が明らかになっていく過程を学べる。

### 「量子力学 III　磁性入門」 村上雅人・飯田和昌・小林忍　　A5 判 232 頁　2600 円

スピン演算子の導入によって、磁性が説明できることから原子スペクトルの複
雑な分裂構造である異常ゼーマン効果が解明できる過程を詳細に解説。

## 「微分方程式」 村上雅人・安富律征・小林忍　　　A5 判　310 頁　2600 円

1 階 1 次微分方程式の解法に重点を置き、階数次数が増えたときにどうなるか
を構造化し、また線形微分方程式や同次、非同次方程式の概念を解説する。

## 「統計学」 村上雅人・井上和朗・小林忍　　　A5 判　262 頁　2600 円

$t$ 分布、$\chi^2$ 分布、$F$ 分布などの確率密度関数を通して必要なデータが数式で表
現できることを体感でき、データ統計分析の手法と数学的意味を理解できる。

# 高校の探究学習に適した本 ―村上ゼミシリーズ―

## 「低炭素社会を問う」　　村上雅人・小林忍　　　四六判 320 頁　　1800 円

二酸化炭素は人類の敵なのだろうか。$CO_2$ が赤外線を吸収し温暖化が進むという誤解を、
物理の知識をもとに正しく解説する。

## 「エネルギー問題を斬る」　　村上雅人・小林忍　　　四六判 330 頁　　1800 円

再生可能エネルギーの原理と現状を詳しく解説。国家戦略ともなるエネルギー問題の本
質を考え、地球が持続発展するための解決策を提言する。

## 「SDGs を吟味する」　　村上雅人・小林忍　　　四六判 378 頁　　1800 円

世界中が注目している SDGs の背景には ESG 投資がある。人口爆発や宗教問題がなぜ
SDGs に含まれないのか。国際社会はまさにかけひきの世界であることを示唆する。

## 「デジタルに親しむ」　　村上雅人・小林信雄　　　四六判 342 頁　　2600 円

コンピュータの 2 進法から始めてデジタル機器の動作原理、その進歩、そして生成 AI
の開発状況までを解説。

# 大学を支える教職員にエールを送る ―ウニベルシタス研究所関連書―

＜増刷決定＞
## 「大学をいかに経営するか」　村上雅人　　　四六判 214 頁　　1500 円

＜増刷決定＞
## 「プロフェッショナル職員への道しるべ」 大工原孝　四六判 172 頁　　1500 円

## 「粗にして野だが」　山村昌次　　　四六判 182 頁　　1500 円

## 「教職協働はなぜ必要か」　吉川倫子　　　四六判 170 頁　　1500 円

## 「新・大学事務職員の履歴書」 ウニベルシタス研究所編　A5 判 216 頁　　2000 円

## 「ナレッジワーカーの知識交換ネットワーク」　　A5 判 220 頁　　3000 円
村上由紀子

高度な専門知識をもつ研究者と医師の知識交換ネットワークに関する日本発の精緻な
実証分析を収録

価格は、本体価格